招牌川味风味菜

招牌川味菜系

张刚 编著

甘肃科学技术出版社

图书在版编目（CIP）数据

招牌川味风味菜 / 张刚编著. -- 兰州 : 甘肃科学技术出版社, 2017.8
ISBN 978-7-5424-2426-6

Ⅰ. ①招… Ⅱ. ①张… Ⅲ. ①川菜－菜谱 Ⅳ. ①TS972.182.71

中国版本图书馆CIP数据核字(2017)第231911号

招牌川味风味菜
ZHAOPAI CHUANWEI FENGWEICAI

张刚　编著

出 版 人　王永生
责任编辑　何晓东
封面设计　深圳市金版文化发展股份有限公司

出　版　甘肃科学技术出版社
社　址　兰州市读者大道568号 730030
网　址　www.gskejipress.com
电　话　0931-8773238（编辑部）　0931-8773237（发行部）
京东官方旗舰店　http://mall.jd.com/index-655807.btml

发　行　甘肃科学技术出版社　　印　刷　深圳市雅佳图印刷有限公司
开　本　720mm×1016mm　1/16　　印　张　10　　字　数　120千字
版　次　2018年1月第1版　　印　次　2018年1月第1次印刷
印　数　1～6000
书　号　ISBN 978-7-5424-2426-6
定　价　29.80元

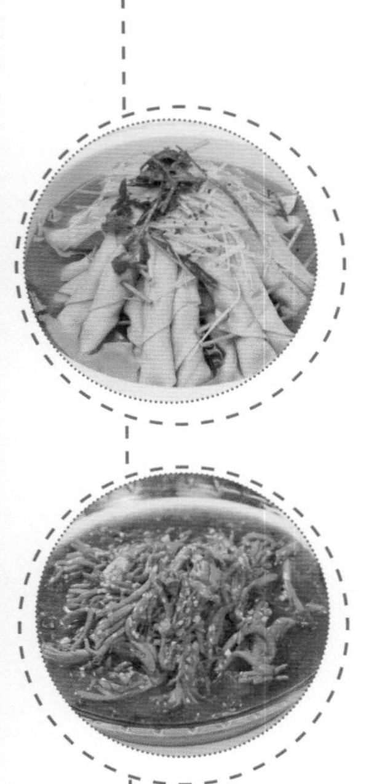

川菜为什么火爆全世界

（代序）

菜系因风味而别，风味则因各地物产、习俗、气候之不同而异。所以，广大的中国有了“四大菜系”、“八大菜系”、“十大风味”，大致呈现出南甜北咸、东辣西酸的格局和五味调和、各具风味的多彩之态。在相对封闭的年代，人们都吃着家乡的风味菜长大、成长，感受着故土给我们的恩赐和厚爱。

世界那么大，我想去看看。人有趋于稳定的惰性，也有趋向求变的冲动。当然，由于政治、经济和交通等原因，过去能游历各地、感受不同的人只是少数，但现在不同了，南来北往、东奔西走已经成了很多人的常态，交流由此剧烈深入，风味由此加速传播。而这一轮新的传播中，影响最大、走得最远最宽者，非川菜莫属。毫不夸张地说，凡有人群的聚集处，都能看到川菜的身影。在中国如是，在世界各地也大体差不多。如果从餐馆绝对数量和分布面广阔这两个指标来看，川菜无疑已经成长为中国最大的菜系，没有之一。

那么，问题来了。同样是深耕于一地的川菜，为什么能在群雄逐鹿中脱颖而出，影响力日趋巨大呢？

问题虽然尖锐，答案并不复杂。

川菜被公认为是“平民菜”、“百姓菜”，这一亲民的特征，源于川菜多是用普通材料做出美味佳肴，是千家万户都可以享受的口福。同样的麻婆豆腐、夫妻肺片，既可以上国宴，也可以在路边的“苍蝇餐馆”吃到，还可以自己在家中自烹自乐。花钱不多，吃个热乎。亲民者粉丝多，是再自然不过的现象了。此为答案一也。

川菜是开放性的菜系。自先秦以降，2000 多年以来，四川经历了多次规模壮观的大移民。来自全国各地的人们，把自己本来的饮食习俗、烹调技艺与四川原住民的饮食习俗在“好辛香，尚滋味”这一地方传统的统领下，形成了动态、丰富的口味系统，使川菜享有了“一菜一格，百菜百味”的美誉。麻辣让人领略酣畅淋漓的刺激，清鲜令君感受温暖关爱的深情。选择可以多样而丰富的体验，是川菜一骑绝尘备受追捧的内因。此为答案二也。

川菜是具有侵略性、征服性的菜系。用传统医学的说法是，辛辣的食物刺激性强，有行血、散寒、解郁、除湿之功效，有促进唾液分泌、增强食欲之功能。科学研究表明，辣椒和花椒因为一种叫Capsinacin的物质而有麻痹的作用，它超越味觉的层面，直达人的神经系统促进兴奋，能让人越吃越上瘾。“上瘾”的东西一旦染上，要戒掉是很难的。所以非川人吃川菜常常是边吃边骂，骂了还要吃，完全是“痛并快乐着”的饕餮景象。这正是川菜具备侵略性、征服性最根本的原因。进一步说，川菜这种追求刺激、激发活力的特征正因应了当今时代求新求变、勇于破除常规、提升创造力的社会心理和消费心理。再加上川人向外的流布在本来基数就很大的基础上有加速的态势，促进着川菜的更快传播。此为答案三也。

问题回答完毕，回到本套丛书。川菜飘香全球，各色人种共享，无疑是世界品味中国的一道最具滋味的大餐。正是在这一背景下，我们编纂了这套“招牌川式菜”丛书，一套四册。本着把最美的“人间口福”带给千家万户的态度和愿景，我们以专业的眼光、实用为本的原则，精选了1000余款川菜和川味小吃，做到既涵盖传统川菜之精华，又展现创新川菜之风貌。在此基础上，还给出了多数菜式大致的营养特点，希望能帮助你在不同的季节、不同的健康状况下，选择每一天最适合自己的美食，做一个健康的美食人。同时，考虑到也许有一部分读者，下厨经验不足，我们还精选了数百条“厨房小知识”，希望能有助于初入厨房的你，少走弯路，快乐轻松地烹饪自己属意的美食。

好了，准备好了吗？

准备好了，就挽起袖子，拿起菜刀和勺子，开始自己美妙的川菜之旅！

开启小家庭的幸福生活！

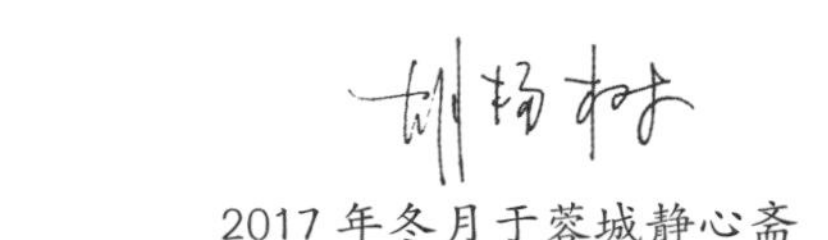

2017年冬月于蓉城静心斋

Contents

Part 1

凉 菜

豆腐皮拌牛腱 2
干拌猪耳 3
大刀耳片 4
花仁兔丁 4
水豆豉腰花 5
香辣米凉粉 5
咸菜拌肚丝 6
飘香牛肉干 7
凉拌秋葵 8
五香酱牛肉 8
干拌牛肚 9
凉拌粉丝 9
跳水兔 10
红油拌杂菌 11
棒棒鸡丝 12
怪味鸡 12
葱油苦笋 13
川北凉粉 13
四季豆拌鱼腥草 14
蜀香拌菜 15
豆瓣拌花仁 16
剁椒花生仁 16
剁椒茄条 17
怪味荞面 17
凉拌茄子 18
无骨泡椒鸡爪 19
老虎菜 20
葱油青笋 20

Part 2

热菜・畜肉篇

锅巴香牛肉 22
蜀山香牛肉 23
豆花牛柳 24
花椒牛柳 24
江湖牛肉 25
椒汁肥牛 25
蜀香小炒黄牛肉 26
泡菜牛肉 27
米凉粉烧牛肉 28
攀西坨坨牛肉 28
回锅牛肉 29
酸汤肥牛 29
萝卜丝蒸牛肉 30
竹签牛肉 31
重庆水煮牛肉 32
家常牛柳 32
霸王羊排 33
香辣啤酒羊肉 33
蒜苗炒羊肉 34
孜然羊肉丸 35

川府太白羊肉 ………… 36
炒烤羊肉 ………… 36
烩羊杂 ………… 37
生爆盐煎肉 ………… 37
鱼香排骨 ………… 38
茄子焖牛腩 ………… 39
折耳根老腊肉 ………… 40
川东镶碗 ………… 40
川西回锅肉 ………… 41
川渝毛血旺 ………… 41
酥夹回锅肉 ………… 42
大头菜炒肉丁 ………… 43
猪肠煲豆腐 ………… 44
西红柿煮滑肉 ………… 44
干豇豆炒腊肉 ………… 45
豆干蒸腊肉 ………… 45
风味排骨 ………… 46
风味腰花 ………… 47
青城老香肠 ………… 48
香肠茶树菇 ………… 48
泡豇豆排骨 ………… 49
虹口大排 ………… 49
炝锅双花 ………… 50
麻婆嫩腰花 ………… 51
川东乡村蹄 ………… 52
川北蹄花 ………… 52
麻辣猪肝 ………… 53
熘肝尖 ………… 53
宫保腰花 ………… 54
青笋烧肠圈 ………… 55
椒香猪大肠 ………… 56
干煸肥肠 ………… 56
青豆兔丁 ………… 57
酱猪蹄 ………… 57
川香天府兔子肉 ………… 58
香麻兔肉丝 ………… 59
麻辣风味兔肉 ………… 60
炝锅仔兔 ………… 60

Part 3

热菜·禽肉篇

干锅土豆鸡 ………… 62
风味菠萝鸡 ………… 63
干锅鸡 ………… 64
辣子鸡 ………… 64
家乡煎焗鸡 ………… 65
尖椒盐菜煸仔鸡 ………… 65
招牌泼辣鸡 ………… 66
泡椒三黄鸡 ………… 67
泉水鸡 ………… 68
苕粉鸡杂 ………… 68
盐边砣砣鸡 ………… 69
烟笋煮鸡杂 ………… 69
渝州少妇鸡 ………… 70
麻婆凤肾 ………… 71
麻辣水煮鸡 ………… 72
巴蜀脆香鸡 ………… 72
农家土鸡钵 ………… 73
炝香鸡 ………… 73
茶树菇回味鸡 ………… 74
大千香鸡块 ………… 75
剁椒蒸鸡腿 ………… 76
蒜薹鸡杂 ………… 76

特色凤爪煲 77
豆花冒鹅肠 78
雪魔芋烧鸭 79
干锅鸭 80
锅仔辣鸭唇 80
回锅烤鸭 81
炝锅鸭舌 81
魔芋烧鸭 82
丁香鸭 83
蜀香鸡 84
馋嘴鸭掌 85
渔夫江水鸭 86
香辣鸭下巴 86
泡菜烩鸭血 87
酸辣鸭血 87
酸菜鸭血 88
一品毛血旺 88

Part 4

热菜·水产篇

剁椒鲈鱼 90
泡菜半汤鳜鱼 91
蕨根粉冒泥鳅片 92
鲜椒耙泥鳅 92
干收泥鳅 93
峨眉鳝丝 93
泡菜焖黄鱼 94
生爆甲鱼 95
折耳根煸鳝丝 96
豆腐烧鳝鱼 96
酸萝卜烩响螺片 97
馋嘴蛙 97
老黄瓜炒花甲 98
干煸鱿鱼丝 99
泡椒牛蛙 100
孜然牛蛙 100
干锅香辣蟹 101
锅仔小龙虾 101
功夫鲈鱼 102
麻辣干锅虾 103
泡菜江团 104
双椒淋汁鱼 104
怪味带鱼 105
水豆豉蒸鳜鱼 105
麻辣水煮花蛤 106
双椒爆螺肉 107
麻香耗儿鱼 108
冷锅鱼 108
渝香鱼米粒 109
川西钵钵鱼 109
蜀香酸菜鱼 110
凉粉鲫鱼 111
东坡脆皮鱼 112
雪菜蒸鳕鱼 112

Part 5

热菜·素菜篇

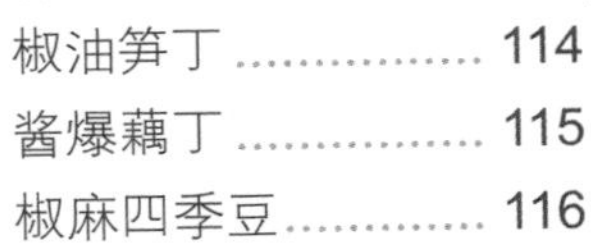

椒油笋丁 114
酱爆藕丁 115
椒麻四季豆 116

双椒蒸豆腐............116
小炒刀豆............117
油爆元蘑............117
吉祥猴菇............118
铁板花菜............119
葱油菜心............120
雪菜烧豆腐............120
鱼香豆腐............121
香麻藕片............121
红汤石磨豆腐............122
酸菜老豆腐............123
农家煎豆腐............124
泡菜豆腐............124
酸菜米豆腐............125
水煮豆皮串............125
宫保豆腐............126
风味柴火豆腐............127
香辣铁板豆腐............128
荷包豆腐............128
酱烧魔芋豆腐............129
干煸藕条............129
川味豆皮丝............130
干烧茶树菇............131
醋溜黄瓜............132
油泼茄子............132
干锅花菜............133
干锅土豆片............133
板栗娃娃菜............134
鲜笋炒酸菜............135
豉香山药条............136
麻婆山药............136
麻辣素香锅............137
干煸四季豆............137
麻酱冬瓜............138
川味烧萝卜............139
家常豆豉烧豆腐............140
宫保茄丁............140

Part 6

汤菜

豆芽肉片汤............142
笋干老鸭汤............143
茄汁酸汤鸡............144
香菇鸡血汤............144
农家丸子汤............145
杂菌汤............145
口蘑灵芝鸭子煲............146
香菇冬笋煲小公鸡............147
墨鱼炖老鸡............148
酸萝卜老鸭汤............148
豆汤大碗酥............149
滑菇汆肉丸............149
干妈一锅鲜............150
冬瓜鸭腿汤............151
榨菜滑排骨............152

Part 1

清清凉凉　唇齿留香

招牌川味风味菜之

凉菜

豆腐皮拌牛腱

主料：
卤牛腱、豆腐皮、彩椒、蒜末、香菜。

调料：
●生抽、盐、鸡粉、白糖、芝麻油、红油、花椒油各适量。

制作过程：
1. 洗净的豆腐皮切成细丝；彩椒去籽，切丝；择洗好的香菜切成碎；卤牛腱切成片，再切成丝。
2. 热水锅，倒入豆腐丝，汆煮片刻，捞出，沥干，待用。
3. 取一个碗，倒入牛腱丝、豆腐丝，放入彩椒丝、蒜末，加入生抽、盐、鸡粉、白糖，淋入芝麻油、红油、花椒油，拌匀。
4. 放入香菜碎，搅拌片刻，摆入盘中即可。

操作要领：
豆腐丝可以切短一点，这样更方便食用。

营养特点

豆腐皮含有蛋白质、氨基酸、铁、钙、钼等成分，具有增强免疫力、促进身体发育、延缓衰老等功效。孕妇产后期间食用豆皮既能快速恢复身体健康，又能增加奶水。而蒜中含有“蒜胺”，这种物质对大脑的益处比维生素 B 还强许多倍。

厨房小知识

食用前将牛腱沿纹理切片及切丝会更易于咀嚼。

干拌猪耳

主料：

猪耳、大葱。

调料：

●卤水、精盐、味精、香油、芝麻各适量。

制作过程：

1. 猪耳燎去毛洗净，入卤水中卤熟，取出切片；大葱切成2厘米的节。
2. 猪耳片同大葱节入一盆，调入盐、味精、香油拌匀。
3. 将调好味的猪耳片大葱节装盘，撒上芝麻即可。

操作要领：

大葱节不能拌得太死，应保持其鲜活状态；香油不宜多。

营养特点

猪耳具有较多的胶原蛋白，对滋润皮肤、滋补身体大有裨益。

厨房小知识

喜欢辣味浓烈的可把泡椒切碎加入，这样炮制出的猪耳片更具辣香。

大刀耳片

主料：猪耳、黄瓜、熟白芝麻各适量。

调料：

●姜片、葱段、精盐、味精、花椒油、辣椒油、鲜汤、葱花、白糖各适量。

制作过程：

1.猪耳洗净，放入加有姜片、葱段的沸水中煮熟，捞出用模具压制成形，放入冰箱中冷制12小时；黄瓜切成片。

2.将冷制后的猪耳切成片，放入垫有黄瓜片的盘中，淋上用精盐、味精、花椒油、辣椒油、鲜汤、白糖调成的味汁，撒上芝麻、葱花即可。

操作要领：

猪耳一定要切成大而薄的片；调味汁时要掌握好各种调料的用量比例。

花仁兔丁

主料：仔兔、油酥花仁。

调料：

●姜、葱、料酒、油酥豆瓣、油酥豆豉、葱节、盐、酱油、白糖、味精、红油、香油。

制作过程：

1.仔兔入加有姜、葱、料酒的汤锅内煮熟，晾凉后剁成丁。

2. 油酥豆瓣、油酥豆豉、盐、酱油、白糖、味精、红油、香油入盆搅拌均匀，放入兔丁、葱节、油酥花仁拌匀，装入盘内即可。

操作要领：

拌兔丁一定要用油酥豆瓣和油酥豆豉才能避免腥味。

营养特点

兔肉的矿物质含量较多，尤其是钙的含量较高。

水豆豉腰花

主料：猪腰、青红椒各适量。

调料：

● 水豆豉、精盐、味精、鸡精、红油、料酒、水豆粉、精炼油各适量。

制作过程：

1. 猪腰去腰臊，切成花状，加入精盐、味精、豆粉码入味；青红椒切成圈。
2. 锅中放入精炼油烧热，下入猪腰花滑油捞出；锅中留少许油，放入青红椒圈、水豆豉炒香，再下入腰花、精盐、味精、鸡精、料酒炒匀，用水豆粉勾芡，淋入红油推匀，起锅装盘即成。

操作要领：

腰花滑油时间要短，滑散即可，以免肉质不嫩。

营养特点

猪腰具有补肾气、通膀胱、消积滞、止消渴之功效，但其中胆固醇含量较高，故高胆固醇者忌食。

香辣米凉粉

主料：米凉粉、蒜末、葱花。

调料：

● 盐、鸡粉、白糖、胡椒粉、生抽、花椒油、陈醋、芝麻油、辣椒油各适量。

制作过程：

1. 将洗净的米凉粉切片，再切粗丝，装盘。
2. 取一小碗，撒上蒜末，加入少许盐、鸡粉、白糖，淋入适量生抽，撒上少许胡椒粉，注入适量芝麻油，再加入适量花椒油、陈醋、辣椒油，匀速地搅拌一会儿，至调味料完全融合，制成味汁，浇在米凉粉上。
3. 撒上葱花，食用时搅拌均匀即可。

操作要领：

食用时可加入少许豆豉酱拌匀，这样口感更佳。

营养特点

米凉粉具有促进消化、补充营养、益气养阴等功效。

咸菜拌肚丝

主料：

猪肚、青椒、红椒、咸菜各适量。

调料：

●香油、盐、味精依口味酌加。

制作过程：

1. 猪肚洗净，切成丝，放入开水中焯熟后，捞起，沥干水分。
2. 咸菜洗净，切成条状；青椒、红椒均洗净切丝。
3. 将调料与肚丝、咸菜、椒丝拌匀，装盘即可。

操作要领：

猪肚事先用精盐、醋搓洗后再下锅氽煮，可去其腥臊味。

营养特点

咸菜是一种不容忽视的发酵食品，它一般以蔬菜为原材料，而蔬菜本身含有丰富的维生素、矿物质和膳食纤维，清肠能力显著，一旦做成咸菜，增加了乳酸菌，清肠效果就会更加明显。而且，咸菜腌的时间越长，乳酸菌就越多。

厨房小知识

新鲜猪肚呈黄白色，手摸劲挺黏液多，肚内无块和硬粒，弹性较足。

飘香牛肉干

主料：

牛肉、青椒、红椒。

调料：

●盐、卤料包、糖、酱油、花椒油各适量。

制作过程：

1. 牛肉洗净；青椒、红椒洗净切丁。
2. 油锅烧热，放糖，糖化后添水，放卤料包和盐烧开，下牛肉，煮好后，使肉在卤汁里晾凉，捞出切片盛盘，加入青椒、红椒和酱油、花椒油，拌匀即可。

操作要领：

牛肉片要在卤汁里多浸泡一段时间，才能充分入味。

营养特点

牛肉干含有人体所需的多种矿物质和氨基酸，既保持了牛肉耐咀嚼的风味，又可久存不变质。

厨房小知识

牛肉要事先浸泡出血水，浸泡 1 小时左右即可，这样做出的牛肉干口感才好。

凉拌秋葵

主料： 秋葵、朝天椒、姜末、蒜末。

调料：

●盐、鸡粉、香醋、芝麻油各适量。

制作过程：

1. 洗好的秋葵切成小段，朝天椒切小圈。
2. 热水锅，加入盐、食用油，倒入秋葵，拌匀，汆煮一会至断生，捞出，装碗待用。
3. 在装有秋葵的碗中加入切好的朝天椒、姜末、蒜末，加入盐、鸡粉、香醋，再淋入芝麻油，充分拌匀至秋葵入味，装盘即可。

营养特点

秋葵含有膳食纤维、铁、钙、维生素A、果胶、牛乳聚糖等多种营养物质，具有帮助消化、保护胃黏膜及皮肤等功效。

五香酱牛肉

主料： 牛肉。

调料：

●盐、葱花、五香酱、姜片、蒜片、料酒、醋、酱油各适量。

制作过程：

1. 牛肉洗净。
2. 锅注水烧开，放牛肉、盐、姜片、蒜片、料酒、醋、酱油搅拌，大火将牛肉煮熟后捞出。
3. 将牛肉切片摆盘，刷五香酱，用醋、酱油、葱花调成味碟，牛肉蘸食即可。

操作要领：

牛肉切片后，先用尖锥在肉片里插一插，为酱汁得以直达肌理深层打开通道。

干拌牛肚

主料：牛肚。

调料：

●干辣椒、盐、鸡精、八角、桂皮、花椒、食用油各适量。

制作过程：

1. 牛肚洗净，沥干切小片；干辣椒洗净剁碎。
2. 锅中注水，加八角、桂皮、花椒、盐和鸡精煮沸后，放入牛肚煮熟。
3. 待牛肚晾凉后装盘，将干辣椒入油锅炒香，撒在牛肚上即可。

操作要领：

牛肚事先用精盐、醋搓洗后再下锅汆煮，可去其腥臊味。

营养特点

牛肚含蛋白质、脂肪、钙、磷、铁、硫胺素、核黄素、尼克酸等，具有补益脾胃、补气养血、补虚益精、消渴、止风眩之功效。

凉拌粉丝

主料：泡发粉丝、蒜末、葱花、香菜。

调料：

●姜汁、芥末汁、盐、白糖、生抽、芝麻油、陈醋、花椒油、辣椒油各适量。

制作过程：

1. 沸水锅中倒入泡好的粉丝，稍煮30秒至熟，捞出，放入凉水中浸泡片刻，捞出，摆盘待用。
2. 取一碗，倒入蒜末、姜汁、芥末汁、生抽、芝麻油、陈醋、白糖、辣椒油、花椒油、盐，拌匀，制成调味汁，淋在粉丝上，再撒上葱花、香菜即可。

操作要领：

各味调料可依个人喜好选择用量。

营养特点

粉丝含有碳水化合物、膳食纤维、蛋白质、烟酸、钙、镁、钠等，能美容养颜、延缓衰老、消食开胃。

跳水兔

主料：

兔子、红椒。

调料：

●青花椒、盐、酱油、醋、红椒、葱白、葱花各适量。

制作过程：

1. 兔子洗净氽去血水，斩块；红椒洗净切碎；青花椒洗净。

2. 锅注水，放兔块、葱白、青花椒、红椒，用大火焖煮。

3. 煮熟后，捞起兔块排于盘中，加入适量煮兔的热汤，并将青花椒、红椒块放于兔肉上，用盐、酱油、醋调成汁，浇在上面，撒上葱花即可。

操作要领：

想要肉质鲜嫩，兔跳热水，不跳冷水。

营养特点

兔肉是一种高蛋白、低脂肪、低胆固醇的食物，既有营养，又不会令人发胖，是理想的“美容食品”。

厨房小知识

孕妇、经期女性、有明显阳虚症状的女性及脾胃虚寒者不宜食用兔肉。

红油拌杂菌

主料：

白玉菇、鲜香菇、杏鲍菇、平菇、蒜末、葱花。

调料：

●盐、鸡粉、胡椒粉、料酒、生抽、辣椒油、花椒油各适量。

制作过程：

1. 将洗净的香菇切小块，杏鲍菇切条，备用。
2. 热水锅，倒入切好的杏鲍菇，拌匀，用大火煮约1分钟，放入香菇块，拌匀，淋入少许料酒；倒入洗好的平菇、白玉菇，拌匀，煮至断生，捞出，沥干，待用。
3. 取一个大碗，倒入焯熟的食材，加入少许盐、生抽、鸡粉、适量胡椒粉，撒上备好的蒜末，淋入适量辣椒油、花椒油，拌匀，再放入葱花，搅拌均匀至食材入味，装盘即可。

操作要领：

焯煮食材时可以加入少许食用油，这样菜肴的口感更爽滑。

营养特点

白玉菇含有蛋白质、B族维生素、维生素C、维生素D、维生素E、磷、铁、锌、钙、镁、钾等营养成分，具有镇痛、排毒、止咳化痰、降血压等功效。

厨房小知识

有些菜不要加老抽，要不然颜色过深就不好看了。

棒棒鸡丝

主料： 鸡胸肉、红辣椒。

调料：

● 盐、葱花、姜片、香油、辣椒油、芝麻各适量。

制作过程：

1. 鸡胸肉洗净；红辣椒洗净，切丁，焯水。
2. 鸡胸肉煮熟捞出，用木棒将肉捶松，再用手将肉撕成细丝，装盘，淋上香油、盐、辣椒油，拌匀。
3. 芝麻、红椒丁、姜片炒香，与葱花同撒在鸡丝上即可。

操作要领：

鸡胸肉不要煮得过软，煮熟后自然冷却再捞出会比较嫩。

营养特点

鸡胸肉蛋白质含量较高，且易被人体吸收利用，含有对人体生长发育有重要作用的磷脂类，是中国人膳食结构磷脂的重要来源之一。

怪味鸡

主料： 鸡肉、黄瓜。

调料：

● 胡萝卜、白芝麻各适量，盐、酱油、醋、葱花各少许。

制作过程：

1. 黄瓜、胡萝卜洗净切丝。
2. 锅注水，放鸡肉煮熟捞起，切条，与黄瓜、胡萝卜一起装盘。
3. 食用时搭配盐、酱油、醋、葱花、白芝麻调成的酱汁即可。

操作要领：

煮久了鸡肉就老了，太短又没熟，所以时间要拿捏好。

营养特点

鸡肉蛋白质含量较高，且易被人体吸收利用，有增强体力、强壮身体的作用。

葱油苦笋

主料： 苦笋。

调料：

●盐、姜、葱、味精、香油、色拉油各适量。

制作过程：

1. 苦笋切片，入沸水锅中焯水，捞起晾凉；葱切葱花。
2. 炒锅上火，烧油至五成热，下葱、姜爆香，制成葱油。
3. 苦笋片入盆，加入葱油、盐、味精、香油拌匀，装入盘中，撒上葱花即可。

操作要领：

若苦笋苦味较重，可多焯几遍水，以去其苦味。

营养特点

苦笋具有消暑解毒、减肥健身、健胃消积的作用。

川北凉粉

主料： 凉粉。

调料：

●油酥豆豉、油酥豆瓣、盐、味精、白糖、蒜泥、花椒粉、酱油、醋、葱花、香菜、红油各适量。

制作过程：

1. 凉粉洗净，切成 1 厘米见方、6 厘米长的条，装入盘中。
2. 油酥豆豉、油酥豆瓣、盐、味精、白糖、蒜泥、花椒粉、酱油、醋、红油调好味汁，浇于凉粉盘中，撒上葱花和香菜即可。

操作要领：

油酥豆豉、油酥豆瓣是用油将豆豉和豆瓣分别炒香制成的。炒制时注意油温不可过高，炒至酥香即可。

营养特点

凉粉全是淀粉，不易消化，不可多食。

四季豆拌鱼腥草

主料：

四季豆、彩椒、鱼腥草、干辣椒、花椒、蒜末、葱花。

调料：

●盐、鸡粉、白醋、辣椒油、白糖、食用油各适量。

制作过程：

1. 将四季豆、鱼腥草切段；彩椒去籽，切丝，备用。
2. 热水锅，倒入少许食用油、盐，放入切好的四季豆，搅拌匀，煮2分钟；倒入鱼腥草、彩椒，再煮半分钟，捞出，沥干，备用。
3. 起油锅，放入干辣椒、花椒，爆香，盛出，待用。
4. 将焯煮好的食材装入碗中，放入蒜末、葱花，倒入炒制好的花椒油、适量盐、鸡粉、白醋、辣椒油、白糖，搅拌一会儿，至食材入味，盛出，装盘即可。

操作要领：

处理四季豆时要将老筋去除干净，否则会影响口感。

营养特点

鱼腥草含有蛋白质、钙、磷、亚油酸、槲皮素、鱼腥草素、月桂醛，能清热解毒、利水消肿、益气养阴、改善毛细血管脆性、促进组织再生、镇痛、止血、止咳。

厨房小知识

如果家人或朋友中，谁最近大便不畅，可以试试熬鱼腥草水给他喝，100克鱼腥草，加少许冰糖，时间不要长，煮开后2～3分钟即可关火。熬出的鱼腥草水呈淡红色或淡黄色，有浅浅的香气，连喝两三天，保证有效哦！

蜀香拌菜

主料：

紫甘蓝、圆白菜、熟花生米、熟白芝麻、彩椒各适量。

调料：

●盐、味精、醋、香油。

制作过程：

1. 紫甘蓝、圆白菜、彩椒洗净，切片。
2. 将紫甘蓝、圆白菜、彩椒、熟花生米、熟白芝麻都装入盘中。
3. 再向盘中加入盐、味精、醋、香油拌匀即可。

操作要领：

紫甘蓝腌制好后放入冰箱冰，味道更爽脆。

营养特点

紫甘蓝的营养丰富，主要营养成分与结球甘蓝（就是我们所说的绿甘蓝）差不多，每千克鲜菜中含碳水化合物 27 ~ 34 克，粗蛋白 11 ~ 16 克，其中含有的维生素成分及矿物质都高于结球甘蓝，所以公认紫甘蓝的营养价值高于结球甘蓝。

厨房小知识

任何你喜欢的绿叶蔬菜都可以提前用少许盐拌一下，这样炒出的绿菜会更有嚼劲。

豆瓣拌花仁

主料： 花仁。

调料：

●豆瓣酱、蒜茸、盐、白糖、醋、味精、香油、红油、葱花各适量。

制作过程：

1. 花仁入锅炸熟。
2. 豆瓣酱、蒜茸、盐、白糖、醋、味精、香油、红油入碗调匀。
3. 炸好的花仁与调好的味汁拌匀，装入盘中，撒上葱花即可。

操作要领：

如果是新鲜的花仁可以不炸，直接拌。

营养特点

花仁有抗辐射、预防心脑血管疾病、提高免疫力、延缓衰老等功效。

剁椒花生仁

主料： 鲜花生仁、小米椒。

调料：

●精盐、味精、香油、花椒油、葱花各适量。

制作过程：

1. 花生仁去皮，小米椒剁细。
2. 花生仁加入精盐、味精、香油、花椒油和剁细的小米椒拌匀，装盘后撒上葱花即可。

操作要领：

花生仁要选用新鲜的；此菜要突出清香鲜辣味。

营养特点

花生仁中含有维生素 E 和一定量的锌，能增强记忆，抗老化，延缓脑功能衰退，滋润皮肤。

剁椒茄条

主料： 茄子。

调料：

●泡辣椒、姜米、蒜米、盐、白糖、醋、味精、葱花、红油。

制作过程：

1. 茄子切成条，入笼蒸熟，取出晾凉备用；泡辣椒剁成蓉。
2. 泡辣椒蓉、姜米、蒜米、盐、白糖、醋、味精、葱花、红油入碗调匀成味汁。
3. 茄条放入味汁中，拌匀装入盘中，撒上泡辣椒蓉、葱花即可。

操作要领：

茄条也可放入温油锅中炸熟后再拌。

营养特点

吃茄子可降低胆固醇，对延缓人体衰老具有积极的作用。

怪味荞面

主料： 荞面。

调料：

●蒜蓉、芝麻酱、盐、酱油、白糖、醋、香油、熟芝麻、盐酥花仁、味精、花椒面、红油辣椒、葱花各适量。

制作过程：

1. 荞面入锅煮熟，捞起晾凉，装于碗内。
2. 蒜蓉、盐、酱油、白糖、醋、香油、味精、花椒面、红油辣椒入碗调匀成味汁，淋于荞面上，撒上熟芝麻、盐酥花仁和葱花即可。

操作要领：

荞面在淋调味料前应先沥干水，以免影响口感。

营养特点

荞麦含有芦丁（芸香苷），有降低人体血脂、胆固醇、软化血管、保护视力和预防脑血管出血的作用。

凉拌茄子

主料：

茄子、红椒。

调料：

●蒜末、酱油、醋、白糖、辣椒油、香菜各适量。

制作过程：

1. 茄子洗净切长段泡入水中；红椒去蒂剁碎；香菜洗净切碎。
2. 蒜末、红椒粒装碗，加入酱油、醋、白糖、辣椒油制成味汁。
3. 将茄子蒸熟后排入盘中，淋上味汁拌匀，撒上香菜即可。

操作要领：

茄子尽量不粘铁器，所以用手撕最好。

营养特点

茄子含多种维生素、脂肪、蛋白质、糖及矿物质等，是一种物美价廉的佳蔬。特别是茄子富含维生素 P，紫茄中的含量高达 720 毫克以上，不仅在蔬菜中出类拔萃，就是一般水果也望尘莫及。维生素 P 能增强人体细胞间的黏着力，改善微细血管脆性，防止小血管出血。

厨房小知识

如果想让蔬菜的颜色更鲜艳可口，只需要稍微泡一下醋水即可。这是利用醋水可以防止氧化的功能，像生姜、紫甘蓝、茄子等蔬菜都可以采用此法，醋水不必太浓，只需要 3%（水 100 毫升、醋 3 毫升）即可。

无骨泡椒凤爪

主料：

鸡爪、朝天椒、泡小米椒、姜片、葱结、泡椒水。

调料：

●料酒适量。

制作过程：

1. 热水锅，倒入葱结、姜片，淋入料酒，放入洗净的鸡爪，拌匀。
2. 盖上盖，用中火煮约 10 分钟，至鸡爪肉皮胀发；揭盖，捞出，装盘待用。
3. 把放凉后的鸡爪割开，使其肉骨分离，剥取鸡爪肉，剁去爪尖，装盘待用。
4. 把泡小米椒、朝天椒放入泡椒水中，放入处理好的鸡爪，封上一层保鲜膜，静置约 3 小时，至其入味。
5. 撕开保鲜膜，用筷子将鸡爪夹入盘中，点缀上朝天椒与泡小米椒即可。

操作要领：

煮好的鸡爪可以过几次凉开水，这样吃起来更爽口。

营养特点

鸡爪含有蛋白质、铜、钙等营养元素，具有增强免疫力、提高记忆力、益智健脑、降低血压等功效。

厨房小知识

若偏爱完整凤爪的口感，可省去剔骨这一步。

老虎菜

主料：胡萝卜、红椒、青椒、洋葱、大葱白、香菜。

调料：

●芥末、蒜蓉、盐、味精、香油各适量。

制作过程：

1. 胡萝卜、红椒、青椒、洋葱、大葱白分别切成丝；香菜切成段。
2. 芥末、蒜蓉、盐、味精、香油入盆调匀，倒入上述各料拌匀，装入盘内即可。

操作要领：

注意芥末的用量不可过大，以免刺激性过强。

营养特点

芥末可刺激唾液和胃液的分泌，有开胃之功，能增强人的食欲。

葱油青笋

主料：青笋。

调料：

●盐、香油、花椒、葱各适量。

制作过程：

1. 青笋去皮洗净，切成长块；花椒洗净；葱洗净切末。
2. 水烧开放入青笋焯水，捞出置于盘中，沥干水分，油烧热，放入葱末、花椒炒香，加入盐、香油调成味汁，淋在青笋块上即可。

操作要领：

青笋一定要刨净外皮及筋。

营养特点

青笋中含有一定量的微量元素锌、铁，特别是青笋中的铁元素很容易被人体吸收，经常食用新鲜青笋，可以防治缺铁性贫血。

Part 2

麻辣鲜香　百菜百味

招牌川味风味菜之

热菜·畜肉篇

锅巴香牛肉

主料：

牛肉、锅巴。

调料：

●盐、红油、老抽、料酒、八角、桂皮、花椒、姜片、辣椒粉、熟芝麻各适量。

制作过程：

1. 牛肉洗净汆水捞出。
2. 锅注水，加老抽、料酒、八角、桂皮、花椒、姜片和牛肉煮熟。
3. 将牛肉捞出后切片装盘，摆上锅巴，淋上用盐、熟芝麻、辣椒粉和红油调成的味汁即可。

操作要领：

牛肉切薄点更入味。

营养特点

牛肉中的肌氨酸含量比任何其他食品都高，它对增长肌肉、增强力量特别有效。运动员在进行训练的头几秒钟里，肌氨酸是肌肉燃料之源，有效补充三磷腺苷，使训练能坚持得更久。

蜀山香牛肉

主料：

腊牛肉、生菜。

调料：

●盐、味精、生抽、蒜末、香菜各少许。

制作过程：

1. 腊牛肉洗净，切片；生菜取叶洗净，铺在盘底；香菜洗净切段，备用。
2. 将腊牛肉放入蒸锅中蒸熟，取出盛入盘中，撒上香菜。
3. 用盐、味精、生抽、蒜末制成味碟，蘸食即可。

操作要领：

腊牛肉带有咸味，所以在用盐上要特别注意控制。

营养特点

鸡肉、鱼肉中肉毒碱和肌氨酸的含量很低，牛肉却很高。肉毒碱主要用于支持脂肪的新陈代谢，产生支链氨基酸，是对健美运动员增长肌肉起重要作用的一种氨基酸。

豆花牛柳

主料： 豆花、牛柳。

调料：

香菜、大葱、花椒、辣椒粉、花椒粉、白胡椒粉、五香粉、豆瓣酱、糖、盐、鸡精、精炼油各适量。

制作过程：

1. 香菜洗净切碎，大葱洗净切片；牛肉切成片，加入盐、料酒、豆粉码味。
2. 炒锅内入油烧热，下入花椒、大葱炒出香味，放入豆瓣酱炒出红油，加入清水、花椒粉、白胡椒粉、辣椒粉、五香粉、糖、盐、鸡精，待烧沸后下入牛柳煮熟，再加入豆花煮约 1 分钟，盛出撒上香菜即可。

操作要领：

牛柳应充分码味，确保鲜嫩可口。

营养特点

豆花含有丰富的维生素 B_1、B_2 及 E 群，是促进人体新陈代谢、帮助成长、防止老化不可或缺的营养。

花椒牛柳

主料： 牛柳。

调料：

a 料：清水、盐、胡椒、料酒、姜葱汁、蛋清、干细淀粉；

干辣椒、青花椒、红尖椒圈、盐、味精、香油、藤椒油、色拉油各适量。

制作过程：

1. 牛柳切成片，入碗加 a 料拌匀码味 15 分钟。
2. 炒锅内烧油至四成热，投入牛柳滑散，倒入漏瓢沥尽油。
3. 炒锅内留油适量，放入干辣椒、青花椒、红尖椒圈炒香，放入牛柳，下盐、味精炒匀，淋香油、藤椒油簸匀起锅装入盘内即可。

操作要领：

码牛柳时应将清水加足，这样吃口才嫩。

江湖牛肉

主料：牛柳、仔姜、蒜苗、芹菜、青笋尖、红椒。

调料：

a料：盐、胡椒、料酒、鸡蛋液、姜葱汁、干细淀粉；豆瓣酱、蒜米、辣椒面、盐、酱油、白糖、胡椒、味精、鸡精、鲜汤、香油、泡椒油、藤椒油、色拉油、香菜各适量。

制作过程：

1. 牛柳切成片，加a料拌匀码味15分钟；仔姜切丝；蒜苗、芹菜切成长段；青笋尖、红椒分别切成片。
2. 炒锅上火，烧油至四成热，放入牛柳滑散，打起沥尽油。
3. 锅内留油适量，下蒜苗、芹菜、青笋尖、红椒，调入盐、味精炒断生打起装入盆内。
4. 锅内放入泡椒油，放入豆瓣酱、蒜米、仔姜丝、青尖椒圈、辣椒面炒至味香油红，掺鲜汤，下盐、酱油、白糖、胡椒、味精、鸡精、香油、藤椒油调好味，放入牛柳略煮至入味，起锅倒入盆内，撒上香菜即可。

椒汁肥牛

主料：肥牛、绿豆芽、青红椒。

调料：

● 青花椒、自制椒汁、精炼油、辣椒油各适量。

制作过程：

1. 肥牛洗净，切成薄片，入沸水中氽熟捞出，沥干；绿豆芽洗净焯熟，垫入盘底；青红椒切成圈。
2. 牛肉装入垫有绿豆芽的盘中，加入自制椒汁、辣椒油，撒上青红椒圈、青花椒，浇上烧热的精炼油即可。

操作要领：

肥牛要切成大而薄的片；氽水时间要短，否则肉质不嫩。

营养特点

肥牛是一种高密度食品，美味而且营养丰富。

蜀香小炒黄牛肉

主料：

黄牛肉、腰果仁、青椒、红椒、蒜苗。

调料：

●盐、酱油、精炼油各适量。

制作过程：

1. 黄牛肉切片，用酱油抹匀腌渍入味；腰果仁洗净；青椒、红椒、蒜苗洗净切段。
2. 锅中倒油烧热，下入蒜苗炒香，再入腰果仁、黄牛肉炒熟，加入青椒、红椒和盐炒入味即可。

操作要领：

切牛肉要注意，切的时候要逆着纹理来切，就是刀和牛肉的纹理要呈 90 度垂直。

营养特点

牛肉含钾和蛋白质，钾是运动员饮食中比较缺少的矿物质。钾的水平低会抑制蛋白质的合成以及生长激素的产生，影响肌肉生长。牛肉中还富含蛋白质。

泡菜牛肉

主料：

牛肉、泡菜。

调料：

●干辣椒、红椒、盐、酱油、菜油各适量。

制作过程：

1.牛肉洗净切片，抹上盐和酱油腌渍入味；泡菜切块；红椒洗净切块；干辣椒洗净切段。
2.锅中倒油烧热，下入牛肉炒熟，再倒入泡菜炒匀。
3.下入干辣椒和红椒炒入味即可。

操作要领：

如果觉得泡菜太酸的话可以加糖，觉得淡了加盐或者生抽。

营养特点

牛肉中脂肪含量很低，却富含结合亚油酸，潜在的抗氧化剂可以有效对抗举重等运动中造成的组织损伤。另外，亚油酸还可以作为抗氧化剂。

米凉粉烧牛肉

主料：牛肉、米凉粉。

调料：

葱段、豆瓣、姜米、蒜米、盐、料酒、胡椒、白糖、鸡精、鲜汤、水淀粉、色拉油、香菜各适量。

制作过程：

1. 牛肉切成块，加胡椒、葱段、料酒、胡椒，拌匀，码味15分钟；米凉粉也切成块，放入沸水锅中煮透。
2. 炒锅内烧油至五成热，投入牛肉炸干表面水汽，打起。
3. 锅内留油适量，放入豆瓣、姜米、蒜米爆香，掺入鲜汤，放入牛肉，下盐、胡椒、料酒、白糖调好味，烧至牛肉8成熟，然后放入米凉粉略烧，调入鸡精，用水淀粉勾芡，起锅装入煲内，撒上香菜即可。

操作要领：

牛肉可以不炸，直接下油锅炒干水汽。

攀西坨坨牛肉

主料：精牛肉。

调料：

白卤水、精盐、鸡精、味精、香油、小米辣丝、原卤汁、香菜各适量。

制作过程：

1. 牛肉洗净切成大块，加入精盐腌制入味后汆水，再放入卤水中卤熟，改成坨坨状。
2. 坨坨牛肉装盘，浇入用精盐、鸡精、味精、香油、小米辣丝、原卤汁拌匀，撒上香菜即成。

操作要领：

牛肉腌制要入味，卤制要卤熟透。

营养特点

牛肉含有足够的维生素 B_6，促进蛋白质的新陈代谢和合成，从而有助于运动员紧张训练后身体的恢复。

回锅牛肉

主料： 牛肉、蒜苗。

调料：

郫县豆瓣、甜酱、精盐、酱油、白糖、味精、精炼油各适量。

制作过程：

1. 牛肉洗净汆水，除去血污，再入沸水中小火煮软捞出。
2. 牛肉按横筋切成约 5 厘米长、2.5 厘米宽、0.3 厘米厚的片，蒜苗切成马耳形。
3. 上锅烧精炼油至六成热，下牛肉炒去表面水分，至酥香时加入豆瓣炒香上色，再加入甜酱、蒜苗、盐、酱油、白糖、味精，炒至蒜苗断生出香味时起锅装盘。

操作要领：

郫县豆瓣很咸，牛肉也是有底味的，所以加盐时要特别小心，宁少勿多。

酸汤肥牛

主料： 肥牛肉、青椒、红椒。

调料：

盐、姜、蒜、泡菜汁、料酒各适量。

制作过程：

1. 肥牛肉洗净切薄片；青椒、红椒均去蒂切圈；姜、蒜均去皮切末。
2. 锅注水烧开，放肥牛肉汆水。
3. 油锅烧热，炒香姜、蒜、青椒、红椒，放肥牛肉滑炒，加盐、料酒、泡菜汁，煮熟装盘。

操作要领：

肥牛片烫熟即可，千万别煮久了。

营养特点

肥牛中富含维生素 B_{12}，1 份肥牛与 7 份等量的鸡胸肉中 B_{12} 的含量相等。

萝卜丝蒸牛肉

主料：

白萝卜、牛肉、蒜蓉、姜蓉、葱花。

调料：

●盐、辣椒酱、蒸鱼豉油、料酒、香油各适量。

制作过程：

1. 将洗净的白萝卜、牛肉切丝。
2. 把萝卜丝装碗中，撒上盐，拌匀，腌渍一会儿，至其变软；肉丝装在另一碗中，加入料酒、生抽，撒上姜蓉、蒜蓉，注入香油，放入辣椒酱，拌匀，腌渍约 15 分钟，待用。
3. 取腌渍好的萝卜丝，去除多余水分，倒入腌渍好的牛肉，拌匀；再转到蒸盘中，摆好造型。
4. 备好电蒸锅，烧开水后放入蒸盘；盖上盖，蒸约 15 分钟，至食材熟透；断电后揭盖，取出蒸盘，趁热撒上葱花即可。

操作要领：

白萝卜不宜切得太细，以免蒸熟后口感太绵软。

营养特点

白萝卜是一种常见的蔬菜，生食熟食均可，其味略带辛辣。白萝卜的食疗功效也较多，如：它含有芥子油、淀粉酶和粗纤维，具有促进消化、增强食欲、加快胃肠蠕动和止咳化痰的作用；所含的维生素 C 能防止皮肤的老化，阻止黑色色斑的形成，保持皮肤的白嫩；所含的木质素，能提高巨噬细胞的活力，有防癌的作用。

厨房小知识

腌渍食材时可根据个人口味添加调料。

竹签牛肉

主料：

牛肉片、青辣椒段、红辣椒段。

调料：

●盐、淀粉、料酒、胡椒粉、豆瓣酱、姜片、姜丝各适量。

制作过程：

1. 牛肉片加料酒、盐、淀粉、胡椒粉腌渍，与辣椒段、姜片焯水后穿竹签；

2. 将豆瓣酱、姜丝、水、盐、胡椒粉、淀粉调成汁，淋在牛肉上即可。

操作要领：

牛肉片要切得厚薄均匀，下热汤锅滑至颜色转白断生即起锅，受热时间过长肉质变老。不要担心会煮不熟，肉放进锅里，变色就马上关火。

营养特点

铁是造血必需的矿物质。与鸡、鱼中少得可怜的铁含量形成对比的是，牛肉中富含铁质。

重庆水煮牛肉

主料：牛肉、油菜、青椒、红椒。

调料：

酱油、料酒、盐、鸡精、淀粉、水淀粉、干辣椒段、花椒、红油各适量。

制作过程：

1. 牛肉切片，用料酒和淀粉腌渍；青椒、红椒切三角形块。
2. 油锅烧热，下牛肉滑炒后加酱油、红油、清水烧开，再放青椒、红椒、干辣椒和花椒煮熟。
3. 加油菜、盐和鸡精煮熟，水淀粉勾芡即可。

操作要领：

按照厚薄调整水煮的时间，不要煮太久，不然牛肉会柴。

营养特点

牛肉含锌、镁，锌是一种有助于合成蛋白质、促进肌肉生长的抗氧化剂。

家常牛柳

主料：牛肉、蒜薹。

调料：

盐、葱段、鸡精、辣椒酱、酱油、水淀粉各适量。

制作过程：

1. 牛肉洗净，切片；蒜薹洗净，切段。
2. 油锅置火上，放入牛肉翻炒几分钟，再放入蒜薹同炒，加盐、鸡精、辣椒酱、酱油调味。
3. 炒至快熟时，入葱段略炒，用水淀粉勾芡，盛盘即可。

操作要领：

牛肉要去尽筋络、横切成片，再用刀背轻捶后用刀后根划数下以免卷曲。

霸王羊排

主料： 羊排、小土豆、熟青豆、熟黄豆、红椒、面包粉。

调料：

a 料：盐、姜、葱、胡椒粉、白糖、料酒、孜然粉；
b 料：孜然粉、辣椒面；
c 料：盐、味精、鸡精、辣椒面、孜然粉；香油、色拉油。

制作过程：

1. 羊排放入盆内，加入 a 料拌匀，腌渍约 60 分钟。红椒切成丁备用。
2. 炒锅上火，烧油至六成热，下入羊排浸炸至干香，起锅，然后下入土豆炸熟；面包粉入热油锅炸酥捞起沥尽油。
3. 锅内留油少许，投入 b 料炒香，放入土豆，调入盐、味精、鸡精、香油炒匀，起锅装于盘内，再将羊排盖于土豆上。最后将面包粉、红椒、熟青豆、熟黄豆及 c 料入锅炒匀，起锅盖在羊排上即可。

香辣啤酒羊肉

主料： 羊肉、啤酒。

调料：

- 干辣椒、葱花、生抽、盐各适量。

制作过程：

1. 羊肉洗净，切小块，入开水汆烫后捞出；干辣椒洗净，切段备用。
2. 锅倒油烧热，放入羊肉炒干水分，加干辣椒煸炒，加入啤酒、生抽、盐煸炒至上色，加入葱花炒匀，起锅即可。

操作要领：

倒进啤酒将啤酒煮干，留少许汁，再放进调料即可。

营养特点

羊肉有益血、补肝、明目之功效。

蒜苗炒羊肉

主料：

羊肉、蒜苗。

调料：

●盐、味精、醋、酱油、食用油各适量，红椒少许。

制作过程：

1. 羊肉洗净切片；蒜苗洗净切段；红椒洗净切斜圈。
2. 锅注油烧热，下羊肉翻炒至变色，加入蒜苗、红椒一起翻炒。
3. 加入盐、醋、酱油炒至熟时，再加入味精调味，装盘即可。

操作要领：

油要多放些，既能把羊肉片滑炒至柔嫩，又能将蒜苗爆炒至生香爽口。

营养特点

秋天吃羊肉增强抗病能力，羊肉肉质细嫩，含有很高的蛋白质和丰富的维生素。羊的脂肪熔点为 47℃，因人的体温为 37℃，就是吃了也不会被身体吸收，不会发胖。羊肉肉质细嫩，容易被消化，多吃羊肉能提高身体素质，提高抗疾病能力，而不会有其他副作用。所以现在人们常说，“要想长寿，常吃羊肉”。

孜然羊肉丸

主料：

羊肉丸。

调料：

●孜然、熟芝麻、盐、味精、生抽、干辣椒各适量。

制作过程：

1. 干辣椒洗净切圈；油锅烧热，下羊肉丸炸熟捞出，锅留油，下干辣椒、孜然炒香。

2. 放羊肉丸翻炒并加盐、味精、生抽炒至汤汁干时，撒上熟芝麻即可。

操作要领：

做羊肉丸最好选择肥瘦相间的羊肉，这样吃起来更有味道；做的时候不要心急，火力中等，慢慢翻炒。

营养特点

秋天吃羊肉滋补身体，在秋冬季，人体的阳气潜藏于体内，所以身体容易出现手足冰冷、气血循环不良的情况。按中医的说法，羊肉味甘而不腻，性温而不燥，具有补肾、暖中祛寒、温补气血、开胃健脾的功效，所以秋冬季节吃羊肉，既能抵御风寒，又可滋补身体，实在是一举两得的美事。

川府太白羊肉

主料： 羊肉块、红枣、油菜、西红柿。

调料：

盐、酱油、香油、香菜各适量。

制作过程：

1. 羊肉加盐、酱油腌渍；西红柿切片摆盘；油菜洗净烫熟盛盘。
2. 油锅入羊肉、红枣翻炒，加水和盐、酱油煮至汁干时盛盘。
3. 淋上香油，撒上香菜即可。

操作要领：

翻炒要迅速，羊肉不能炒老，否则会发硬不好吃。

营养特点

羊肉温中健脾，常吃羊肉可益气补虚，促进血液循环，增强身体抵抗力。

炒烤羊肉

主料： 羊肉。

调料：

盐、味精、香油、青椒粒、红椒粒、孜然、食用油各适量。

制作过程：

1. 羊肉洗净，置火上烤熟后，晾凉，再撕成块。
2. 油锅烧热，下羊肉块爆炒，再放入青椒粒、红椒粒同炒片刻，倒入孜然。
3. 调入盐、味精炒匀，淋入香油即可。

操作要领：

炒羊肉时可不用放太多油，羊肉本身出油，用它本身出的油煸炒出的味儿更香。

营养特点

羊肉可温经活络，养护关节。

烩羊杂

主料： 羊血、羊肚片、羊肉片、泡发的粉丝。

调料：

香菜、料酒、盐、红油、醋、高汤各适量。

制作过程：

1. 羊血、羊肚、羊肉均汆水。
2. 热油锅，下羊肚、羊肉、盐、醋、料酒，炒匀。
3. 另起砂锅，加高汤、羊肚、羊肉、羊血、红油炖熟，放粉丝，撒香菜即可。

操作要领：

因为买的羊杂基本是半熟的，羊杂在砂锅中煮 3~5 分钟即可，煮的时间长了羊杂就煮老了，不好吃了，一定要保持鲜嫩度。

营养特点

鲜羊内脏含有蛋白质、脂肪、磷、铁、多种维生素、钙、糖、尼克酸等。

生爆盐煎肉

主料： 五花肉、红椒、葱段、蒜末。

调料：

●盐、生抽、豆瓣酱、食用油各适量。

制作过程：

1. 洗净的红椒、青椒切圈；处理好的五花肉切成片，备用。
2. 起油锅，倒入切好的五花肉，翻炒出油，放入少许盐，快速翻炒均匀；淋入适量生抽，放入少许豆瓣酱，翻炒片刻。
3. 放入葱段、蒜末，翻炒出香味；倒入切好的青椒、红椒，翻炒片刻，至其入味，盛出，装盘即可。

营养特点

猪肉含有蛋白质、脂肪、维生素 B_1、维生素 B_2、磷、钙、铁等营养成分，具有补虚强身、滋阴润燥、丰肌泽肤、增强免疫力等作用。

鱼香排骨

主料：

猪排骨、青椒圈、红椒圈。

调料：

●淀粉、葱段、盐、酱油、醋、料酒、白糖、姜丝、蒜末、香菜叶各适量。

制作过程：

1. 猪排骨剁块用盐腌渍，裹淀粉入锅炸透捞出。
2. 油锅烧热，炒香姜丝、蒜末、青椒圈、红椒圈，加酱油、醋、糖、料酒、葱段、猪排骨炒匀收汁，撒香菜即可。

操作要领：

炸排骨时油温不宜太高，四五成油温即可。

营养特点

猪排骨提供人体生理活动必需的优质蛋白质、脂肪，尤其是丰富的钙质可维护骨骼健康。

厨房小知识

排骨如何做得更烂？排骨可以提前蒸一下，之后用温水冲洗后煎炸，这样再炖出来的排骨就会非常酥烂。

茄子焖牛腩

主料：

茄子、熟牛腩、红椒、青椒、姜片、蒜末、葱段。

调料：

●豆瓣酱、盐、鸡粉、老抽、料酒、生抽、水淀粉、食用油各适量。

制作过程：

1. 将洗净去皮的茄子、青椒、红椒切丁；熟牛腩切成小块。
2. 锅热锅注油，烧至五成热，放入茄子丁，搅拌匀，炸约 1 分钟，至食材断生后捞出，沥干油，待用。
3. 起油锅，放入姜片、蒜末、葱段，爆香，倒入牛腩，翻炒匀，淋入少许料酒，炒香；加入适量豆瓣酱，倒入少许生抽、老抽，翻炒匀；注入适量清水，放入炸好的茄子，倒入红椒、青椒；加入适量盐、鸡粉，翻炒匀，再用中火煮约 3 分钟，至食材入味；转大火收浓汁，倒入少许水淀粉，快速翻炒一会儿，至食材熟透、入味，盛出，装盘即可。

营养特点

茄子含有蛋白质、维生素 A、B 族维生素、维生素 C、维生素 P、糖类等营养物质，有活血化瘀、清热消肿的功效。此外，它还含有黄酮类物质，不仅能降低血液中的胆固醇含量，还对稳定血糖值有一定的帮助。

厨房小知识

茄子要切得均匀一些，这样用油炸时，它的成熟度才一致。

折耳根老腊肉

主料： 老腊肉、折耳根。

调料：

豆瓣油、花椒、葱、精炼油、精盐各适量。

制作过程：

1. 腊肉烧皮刮洗干净，入锅中煮熟，捞出切成薄片；折耳根去叶，淘洗干净，切成 3 厘米长的节，用精盐渍 3 分钟，再淘洗，去掉涩味；葱切成节。
2. 炒锅置旺火上，倒入精炼油、豆瓣油烧至五六成热，下葱节、花椒，待炒出香味后捞出，放入腊肉爆炒呈“灯盏窝”形，下折耳根、葱节炒匀，迅速起锅装盘即成。

操作要领：

腊肉宜选用半肥瘦的；折耳根一定要用精盐先渍一下。

川东镶碗

主料： 猪肉、鸡蛋、黄花、海带丝、猪排骨。

调料：

豆粉、精炼油、鲜汤、精盐、味精、鸡精、胡椒粉各适量。

制作过程：

1. 猪排骨洗净，斩成块，加入鸡蛋液、豆粉拌匀，放入精炼油锅中炸呈金黄色；猪肉剁细，加蛋液、精盐调匀成馅；鸡蛋液搅散入锅中摊成蛋皮。
2. 用蛋皮将肉馅包裹成卷状，上笼蒸熟后切成段，与排骨一并放入垫有黄花、海带丝的碗中，再淋上用精盐、味精、鸡精、胡椒粉、鲜汤调制的汁，入笼蒸约 30 分钟取出，翻扣于盘中。
3. 锅中下鲜汤烧沸，用豆粉勾芡，起锅淋于菜上即可。

川西回锅肉

主料： 猪后腿二刀肉、锅巴（袋装）。

调料：

青蒜苗、豆瓣酱、豆豉、料酒、白糖、味精各适量。

制作过程：

1. 猪肉洗净，放入冷水锅中煮至断生，沥干，切成大薄片；蒜苗切成马耳朵形。
2. 锅上火烧热，下猪肉煸炒，待肉变卷曲且起灯盏窝，下豆瓣酱、甜面酱炒香上色，再下蒜苗炒断生，加入锅巴、豆豉、白糖、味精炒匀，起锅装盘即可。

操作要领：

一定要将猪肉炒至出油再下配料，确保菜品出香油亮。

营养特点

本菜能改善缺铁性贫血，有补肾养血、滋阴润燥的功效。

川渝毛血旺

主料： 毛肚、鸭血、黄豆芽、水发木耳、青笋尖。

调料：

● 火锅底料、豆瓣、洋葱碎、香菜段、干辣椒、花椒、姜米、蒜米、葱节、胡椒粉、盐、酱油、味精、鸡精、白糖、料酒、鲜汤、蒜蓉、葱花、色拉油各适量。

制作过程：

1. 鸭血切片，入加有盐的沸水锅中稍煮，起锅装入碗内，用原汤浸泡；毛肚也切成菱形片；黄豆芽去掉根部洗净；青笋尖切成薄片；水发木耳洗净泥沙。
2. 炒锅上火，下油烧热，放入豆瓣、干辣椒、花椒、火锅底料、姜米、蒜米、葱节、洋葱碎、香菜段炒出香味后，掺入鲜汤，加入料酒，用小火熬制半小时，打渣备用。
3. 熬好的汤烧开，放入黄豆芽、青笋、木耳略煮，打起装入盆内垫底；鸭血入锅煮至熟打起也装入盆中；锅内汤汁加盐、味精、胡椒粉、鸡精、白糖、酱油调好味，下毛肚煮熟起锅倒入盆内；撒上蒜蓉、葱花，用热油烫香即可。

酥夹回锅肉

主料：
猪腿肉、青椒、红椒、蒜苗、酥夹。

调料：
●郫县豆瓣、盐、蒜、姜、料酒各适量。

制作过程：
1. 青椒、红椒洗净切丝；蒜苗洗净切段。
2. 猪腿肉煮熟切片，入锅爆香，加入除酥夹外的其他主料和调料炒匀装盘。
3. 酥夹煎至金黄色，摆盘边即可。

操作要领：
爆油时间长短就看个人喜好，喜欢软糯就爆短些，喜欢干香就爆久一点。

营养特点

猪肉为人类提供优质蛋白质和必需的脂肪酸，还可提供血红素（有机铁）和促进铁吸收的半胱氨酸，能改善缺铁性贫血。

大头菜炒肉丁

主料：

猪肉、大头菜、鲜辣椒。

调料：

●味精、盐、酱油各适量。

制作过程：

1. 大头菜洗净去皮，切丁；辣椒洗净，切丁；猪肉洗净，切丁，放味精、酱油腌 15 分钟。
2. 锅注油，烧至六成热，下入肉丁炒香，放入大头菜、辣椒翻炒均匀。
3. 加盐炒匀，盛盘即可。

操作要领：

腌制的大头菜本身含盐，炒菜时加盐要格外注意，宁少勿多。

营养特点

猪肉的蛋白质为完全蛋白质，含有人体必需的各种氨基酸，并且必需氨基酸的构成比例接近人体需要，因此易被人体充分利用，营养价值高，属于优质蛋白质。

猪肠煲豆腐

主料：猪大肠、豆腐、胡萝卜。

调料：

盐、味精、葱末、香菜段各适量。

制作过程：

1. 猪大肠洗净切条；豆腐洗净切片；胡萝卜洗净切丝。
2. 油锅烧热，放猪大肠稍炒后，再放豆腐片炒匀，注水焖熟，加盐、味精调味，再放葱末拌匀，撒上香菜段、胡萝卜丝，装盘即可。

操作要领：

肥肠一定得煮熟烂才好吃。

营养特点

猪大肠有润燥、补虚、止渴止血之功效，可用于治疗虚弱口渴、脱肛、痔疮、便血、便秘等症。

西红柿煮滑肉

主料：猪里脊肉、西红柿。

调料：

●a料：姜葱汁、料酒、盐、胡椒、鸡蛋清、干细淀粉；

●番茄酱、盐、白糖、白醋、味精、鲜汤、葱花、水淀粉、香菜、色拉油各适量。

制作过程：

1. 猪里脊肉切片，入碗加a料拌匀，腌渍15分钟；西红柿切片。
2. 炒锅上火，烧清水至沸，下肉片滑散，打起。
3. 锅内烧油至三成热，放入番茄酱炒香，掺入鲜汤，放入肉片、西红柿，用盐、白糖、白醋、味精调好味，下水淀粉收浓芡汁，起锅装于盆内，撒上葱花、香菜即可。

操作要领：

若番茄酱酸味足，则可以不加白醋。

干豇豆炒腊肉

主料：干豇豆、腊肉。

调料：

葱、姜、蒜、花椒、干辣椒、盐、精炼油各适量。

制作过程：

1.腊肉洗净，切片；干豇豆在温水中泡30分钟，洗净，切段；葱切节，姜、蒜切末，辣椒切段。

2.锅中加油烧热，放入花椒、干辣椒、葱节、姜蒜末爆香，下入腊肉炒2分钟，倒入干豇豆段一起烹炒，加少量水焖约8分钟，调入盐，用大火炒几下即可出锅。

操作要领：

干豇豆一定要用热水充分浸泡，确保变软易熟。

豆干蒸腊肉

主料：豆干、熟腊肉各适量。

制作过程：

豆干片成斜片；腊肉切成薄片。在盘中按一块豆干一块腊肉的程序摆好，上笼蒸约10分钟即成。

操作要领：

若腊肉太咸，可放适量的白糖或将腊肉用清水泡制后再用。

营养特点

豆腐含大量易被人体吸收的蛋白质和脂肪，对降低人体内的胆固醇有特殊作用，并含有人体所需的微量元素，对增强人体的生长发育、新陈代谢以及免疫功能有一定的促进作用。

风味排骨

主料：

猪纤排。

调料：

●豆豉、姜粒、葱花、料酒、水豆粉、酱油、白糖、胡椒粉、精炼油各适量。

制作过程：

1. 猪纤排洗净，斩成段；豆豉剁细。

2. 盆中放入猪纤排、豆豉、姜粒、料酒、酱油、白糖、胡椒粉、水豆粉拌匀，上笼蒸至熟软离骨时取出，撒上葱花即成。

操作要领：

蒸制时要用大火一气呵成，这样排骨才易聚味和滋润。

营养特点

猪排骨含蛋白质、脂肪、碳水化合物、铁等，尤其富含钙质。此菜以豆豉合烹成菜，营养丰富，有补充钙质、解表除烦等食疗功效。

风味腰花

主料：

猪腰。

调料：

●泡辣椒、盐、味精、鸡精、醪糟汁、胡椒粉、料酒、姜片、泡姜米、蒜米、醋、鲜汤、水淀粉、泡椒油各适量。

制作过程：

1. 猪腰去尽腰臊，切成眉毛形，入碗加盐、料酒、水淀粉拌匀。
2. 盐、味精、鸡精、醪糟汁、胡椒、醋、鲜汤、水淀粉入碗调匀成味汁。
3. 炒锅内放入泡椒油，烧至七成热，下腰花炒断生，投入泡辣椒、泡姜米、蒜米炒出香味，烹入兑好的味汁炒匀，待收汁亮油起锅装入盛器中即可。

操作要领：

腰花码味后，要尽快下锅，以免出水脱浆。

营养特点

血脂偏高者、高胆固醇者忌食猪腰。

青城老香肠

主料：香肠。

调料：

盐、味精、酱油、蒜片、青椒、红椒各适量。

制作过程：

1. 香肠洗净切片；青椒、红椒洗净切片。
2. 锅中注油，用大火烧热，放入蒜片稍炒，倒入香肠炒至变色，再下入青椒、红椒炒匀。
3. 炒至熟时，加盐、味精、酱油调味，装盘即可。

操作要领：

香肠一定要过水。

营养特点

香肠富含蛋白质和碳水化合物。

香肠茶树菇

主料：香肠、茶树菇、水发香菇。

调料：

盐、味精、酱油、料酒、冰糖、青椒、红椒各适量。

制作过程：

1. 茶树菇洗净；香肠洗净切丝；青椒、红椒洗净切丝。
2. 油锅烧热，入香肠炒至出油，再加茶树菇、香菇、青椒丝、红椒丝翻炒。
3. 炒至熟后，加盐、味精、酱油、料酒、冰糖炒匀，装盘即可。

操作要领：

如果香肠本来味道偏甜，可以不放冰糖；香肠味道偏咸，则生抽可以少放或不放。

泡豇豆排骨

主料：猪排骨、泡豇豆。

调料：

盐、味精、酱油、干辣椒、红椒、食用油各适量。

制作过程：

1. 泡豇豆洗净切段；猪排骨洗净剁块；干辣椒洗净；红椒洗净切条。
2. 油锅烧热，放入猪排骨煎炸至变色，再放入泡豇豆、干辣椒、红椒炒匀。
3. 倒入酱油炒至熟后，加盐、味精调味，装盘即可。

操作要领：

要想豇豆好吃，别用刀切。

营养特点

豇豆富含脂肪、膳食纤维，其磷的含量最为丰富。

虹口大排

主料：猪排骨、青椒、红椒、豆豉各适量。

调料：

盐、白砂糖、老抽、料酒、葱段、姜片、蒜末各适量。

制作过程：

1. 猪排骨洗净，抹盐和料酒腌渍。
2. 锅里放油，煸炒猪排骨至发白捞起，留油放葱、姜片、豆豉、老抽、蒜末、青椒、红椒炒香。
3. 放猪排骨和糖，收汁，摆盘即可。

操作要领：

在大排边缘切两个小口是切断边上的筋，这样在下一步炸大排的时候，肉不会回缩变硬。

营养特点

排骨除含蛋白、脂肪、维生素外，还含有大量磷酸钙、骨胶原、骨粘蛋白等，可为幼儿和老人提供钙质。

炝锅双花

主料：

猪腰、鱿鱼肉。

调料：

●盐、醋各少许，干辣椒、酱油、红油、食用油各适量。

制作过程：

1.猪腰、鱿鱼肉洗净，均打上花刀，切成块；干辣椒洗净，切段。

2.油锅烧热，下干辣椒炒香，放入腰花、鱿鱼花翻炒，倒入酱油、醋炒至熟后，加入盐、红油调味，起锅装盘即可。

操作要领：

猪腰里面的白色和深红色的部分一定要全部去掉，这是猪腰去除腥臊味的最关键的步骤。

营养特点

猪腰含有蛋白质、脂肪、碳水化合物、钙、磷、铁和维生素等，有健肾补腰、和肾理气之功效。

麻婆嫩腰花

主料：

猪腰、豆腐。

调料：

●芝麻、花椒、香油、红油、盐、味精、姜末、葱末、蒜末、豆豉、清汤各适量。

制作过程：

1. 豆腐洗净切小块；猪腰洗净切长条，改花刀。
2. 油锅烧热，放花椒、姜末炝锅，再下其他调料、腰花、芝麻，迅速炒熟。
3. 下清汤，煮沸，倒入豆腐，煮至入味，撒上葱末装盘即可。

操作要领：

腰花怕老，煮的时间要短，熟了就行。

营养特点

猪腰具有补肾气、通膀胱、消积滞、止消渴之功效，可用于治疗肾虚腰痛、水肿、耳聋等症。

川东乡村蹄

主料： 猪蹄、红辣椒。

调料：

蒜蓉、红油、香油、盐、味精、食用油各适量。

制作过程：

1. 猪蹄洗净，放开水中汆熟，捞起沥干水，剔除骨，切成薄片。
2. 红辣椒洗净，切圈。
3. 锅烧热下油，下蒜蓉、红辣椒圈爆香，下其他调味料和蹄片，加清水，煮至入味，盛盘即可。

操作要领：

猪蹄焯水后可用热水冲洗干净，不要用凉水，否则猪手遇冷蛋白质凝固，不易煮软。

营养特点

猪蹄中含有较多的蛋白质、脂肪和碳水化合物。

川北蹄花

主料： 猪蹄、黄豆。

调料：

盐、胡椒粉、酱油、料酒、香油、泡红椒、香菜、食用油各适量。

制作过程：

1. 猪蹄切块，汆水后捞出；黄豆泡发；香菜切碎。
2. 油锅烧热，入猪蹄、黄豆稍炒，注水煮熟，加泡红椒同煮。
3. 调入盐、胡椒粉、酱油、料酒拌匀，收浓汤汁，淋香油，撒香菜即可。

操作要领：

焯水的时候冷水入锅，才能把猪蹄的异味尽可能去除。

麻辣猪肝

主料：猪肝、花生。

调料：

盐、味精、干辣椒、水淀粉、姜、花椒、葱、食用油各适量。

制作过程：

1.猪肝入水浸泡，捞出切薄片；葱洗净切葱花。

2.将干辣椒、花生、花椒、姜入油锅炸出香味，下猪肝片炒熟，加盐、味精、葱花、水淀粉调味即可。

操作要领：

这道菜讲究的是快，所以酱汁一定要事先调好。

营养特点

猪肝中铁质丰富，是补血食品中最常用的食物，食用猪肝可调节和改善贫血病人造血系统的生理功能。

熘肝尖

主料：猪肝、青椒、红椒、黄瓜、蒜苗。

调料：

盐、酱油、料酒、鸡精、水淀粉、老干妈油辣子、食用油各适量。

制作过程：

1.猪肝切片汆水；青椒、红椒、黄瓜均切片。

2.油锅烧热，炒香青椒、红椒、黄瓜、蒜苗，放猪肝、料酒和酱油炒匀。

3.加盐、鸡精、油辣子、水淀粉炒匀，装盘即可。

操作要领：

黄瓜片不宜切太薄，否则容易炒烂。

宫保腰花

主料：
猪腰、花生米。

调料：
●盐、味精、香油、料酒、干辣椒、蒜片、淀粉、食用油各适量。

制作过程：
1. 猪腰洗净，打上花刀切块，加淀粉拌匀；干辣椒洗净切段；花生米洗净入锅炸熟。
2. 油锅烧热，炒香蒜片、干辣椒，入腰花滑熟，放花生米、料酒略炒。
3. 加盐、味精、香油拌匀即可。

操作要领：
腰臊片净，必要时可用沸水先焯一下，但易失滋嫩。

营养特点
猪腰富含蛋白质、脂肪，另含碳水化合物、各种维生素、钙、磷、铁等成分，具有补肾壮阳、固精益气的作用。

青笋烧肠圈

主料：

猪大肠、青笋。

调料：

盐、味精、辣椒粉、泡红椒、生抽、食用油各适量。

制作过程：

1.猪大肠洗净，切圈；青笋去皮洗净，切块；泡红椒洗净。

2.油锅烧热，放入猪大肠略炒，再放入泡红椒、青笋、辣椒粉炒匀。

3.炒至熟后，放入盐、味精、生抽调味，起锅装盘即可。

操作要领：

猪大肠一定要处理干净，不要有味道。

营养特点

猪大肠有润燥、补虚、止渴止血之功效，可用于治疗虚弱口渴、脱肛、痔疮、便血、便秘等症。

椒香猪大肠

主料： 猪大肠、青椒。

调料：

盐、味精、酱油、花椒、干辣椒、食用油各适量。

制作过程：

1. 猪大肠洗净，剪开切片；青椒洗净切片；干辣椒洗净切段。
2. 油锅烧热，下干辣椒炒香，放猪大肠炒至变色，再放青椒、花椒炒匀。
3. 炒至熟后，加盐、味精、酱油调味，装盘即可。

操作要领：

放适量黄酒可以去除肥肠的一些味道，没有黄酒也可用料酒代替。

营养特点

猪大肠有润燥、补虚、止渴止血之功效，可用于治疗虚弱口渴、脱肛、痔疮、便血、便秘等症。

干煸肥肠

主料： 猪大肠、干辣椒、青椒片、红椒片。

调料：

料酒、胡椒粉、豆瓣酱、花椒、食用油各适量。

制作过程：

1. 猪大肠洗净煮熟切段。
2. 油锅烧热，入猪大肠炸干，倒出油，放豆瓣酱、干辣椒及调料，直至肥肠炒干水分。
3. 放青椒片、红椒片翻炒至熟，起锅即可。

操作要领：

锅里少倒点底油，因为肥肠干煸的时候会出油。

营养特点

蒸出来的好菜：除了茼蒿，卷心菜也可以用来蒸制，将卷心菜切成小片，之后裹上米粉，蒸的方法和茼蒿一样。

青豆兔丁

主料: 净兔肉、青豆、青椒、鸡蛋液。

调料:

泡红辣椒末、葱段、姜粒、蒜粒、精盐、味精、白糖、料酒、水豆粉、香油、精炼油各适量。

制作过程:

1. 兔肉洗净，切成丁，加入精盐、料酒、水豆粉、鸡蛋液拌匀；青椒去籽，切成丁；青豆淘洗干净，放入清水中煮熟捞出。
2. 锅中加入精炼油烧热，下入兔肉丁滑透捞出。锅中留少许底油烧热，下葱段、姜粒、蒜粒、泡红辣椒末炒香出色，放入兔肉丁、青豆、青椒丁同炒片刻，烹入精盐、味精、白糖炒匀，用水豆粉勾芡，淋入少许香油，起锅装盘即成。

操作要领:

兔丁滑油时间不要太久，滑散变色即可；青豆下锅时一定要沥干水分。

酱猪蹄

主料: 猪蹄、干辣椒、八角、沙姜、草果、陈皮、桂皮、花椒、姜片、葱段。

调料:

鸡粉、白糖、生抽、老抽、料酒、冰糖、食用油各适量。

制作过程:

1. 沸水锅中倒入切好的猪蹄，淋入料酒，略煮一会儿，汆去血水，撇去浮沫，捞出，装盘待用。
2. 起油锅，倒入姜片、葱段，爆香，倒入猪蹄，炒匀；加入料酒、老抽、生抽、白糖，炒匀；倒入适量清水，放入香料，拌匀；盖上盖，用大火煮开后转小火焖 1 小时至食材熟透；揭盖，倒入冰糖，拌匀，煮至溶化；加入鸡粉，拌匀，煮约 2 分钟至汤汁收浓，盛出，装盘即可。

营养特点

猪蹄能丰肌泽肤、增强免疫力、补虚填精。

川香天府兔子肉

主料：

兔肉、胡萝卜、蒜苗。

调料：

●盐、味精、酱油、红油、花椒、姜片、料酒、水豆粉、食用油各适量。

制作过程：

1. 兔肉洗净斩块，加入盐、料酒、水豆粉码味后，氽去血水捞出；胡萝卜洗净切片；蒜苗洗净切段。
2. 油锅烧热，爆香姜片和花椒，加兔块、酱油、红油炒匀，加水煮至兔块熟。
3. 放胡萝卜、蒜苗、盐、味精搅匀即可。

操作要领：

最后起锅时盐要少放，因为先前兔肉腌制过。

营养特点

长期食用兔肉可增进健康，具有强身祛病的功效，是高血压、肝脏病、冠心病、糖尿病患者理想的肉食品。

香麻兔肉丝

主料：

兔肉。

调料：

●盐、味精、香油、花椒、姜片、熟芝麻各适量。

制作过程：

1. 兔肉洗净切丝，放入开水中烫一下，捞出沥干水分。

2. 将盐、花椒、味精、姜片、香油、兔肉丝一起放入锅中，卤 1 个小时，捞出，装入盘中，撒上熟芝麻即可。

操作要领：

将兔肉冰冻一会再切，会容易操作一些。

营养特点

兔肉肌肉纤维细嫩，容易消化。据测定，兔肉的消化率可达 85% 以上，高于其他肉类，是慢性胃炎、十二指肠溃疡、结肠炎患者、幼儿、老人、病人和身体虚弱者最为理想的滋补品。

麻辣风味兔肉

主料：兔肉。

调料：

盐、味精、酱油、醋、干辣椒、花椒、食用油各适量。

制作过程：

1. 兔肉洗净，切小块；干辣椒洗净，切段备用。
2. 油锅烧热，放入干辣椒、花椒炒香，再加兔肉翻炒。
3. 炒至熟后，加入盐、味精、酱油、醋调味，起锅装盘即可。

操作要领：

炒到兔肉开始变干的时候，加入调料。

营养特点

经常食用低胆固醇的兔肉，人血液中胆固醇不会升高，从而避免了胆固醇在血管壁的沉积。

炝锅仔兔

主料：仔兔肉、黄瓜。

调料：

盐、味精、酱油、干辣椒、食用油各适量。

制作过程：

1. 兔肉洗净切块；干辣椒洗净切段；黄瓜洗净切块。
2. 锅中注油烧热，下干辣椒炒香，放入兔肉炒至变色，再放入黄瓜一起翻炒。
3. 炒至熟后，加入盐、味精、酱油拌匀调味，起锅装盘即可。

操作要领：

制作炝锅兔时宜使用中火，需将菜肴的汁水收干，使兔肉变得干香滋润。

Part 3

麻辣鲜香　百菜百味

招牌川味风味菜之

热菜·禽肉篇

干锅土豆鸡

主料：

鸡腿、土豆片。

调料：

●香菜、蒜苔、干辣椒、蒜瓣、姜、花椒、蚝油、盐、鸡粉、生抽、辣椒油、食用油各适量。

制作过程：

1. 洗净的鸡腿斩成小块装入碗中，加入适量料酒，搅拌均匀，腌渍片刻。
2. 蒜苔切段；姜切片；蒜瓣切片；干辣椒切小段；洗净的香菜切成段。
3. 热锅注油烧热，倒入蒜苔，翻炒片刻，盛出装入碗中，待用。
4. 锅中注油烧热，倒入准备好的土豆片，滑油片刻后盛出装入碗中。
5. 锅底留油，倒入腌渍好的鸡腿肉，翻炒至变色，再倒入姜片、蒜片、干辣椒、花椒粒，炒匀炒香。
6. 加入生抽、蚝油、辣椒油，再加入鸡粉，倒入土豆片、蒜苔，炒匀；将食材装入干锅，放上香菜即可。

操作要领：

土豆切好片之后，一定要过冷水，冲去土豆内多余的淀粉，不然很容易糊锅。

营养特点

土豆富有营养，是抗衰老的食物。它含有丰富的 B_1、B_2、B_6 和泛酸等 B 群维生素及大量的优质纤维素，还含有微量元素、氨基酸、蛋白质、脂肪和优质淀粉等营养元素。

风味菠萝鸡

主料：

鸡肉、菠萝、生菜各适量。

调料：

●盐、酱油、白糖、醋、食用油各适量。

制作过程：

1. 鸡肉洗净切片；菠萝去皮洗净，切块；生菜洗净装盘；所有调味料调成味汁。
2. 热锅上油，放入鸡肉翻炒，再加入部分菠萝炒匀。
3. 淋入味汁翻炒，盛出装盘，用剩余菠萝围边即可。

操作要领：

炒时用旺火，热锅热油，瞬间成菜，不可勾芡，要求鸡片脆嫩、菠萝清香。

营养特点

鸡肉钾硫酸、氨基酸的含量很丰富，因此可弥补牛肉、猪肉的不足。

干锅鸡

主料：仔鸡、水发竹笋、西芹、青尖椒各适量。

调料：

●干辣椒、花椒、香辣酱、郫县豆瓣、姜片、蒜片、香菜、葱节、白糖、精盐、味精、胡椒、酱油、料酒、水淀粉、鲜汤、香油、色拉油各适量。

制作过程：

1. 仔鸡剁成块入盆，加姜、葱、料酒、胡椒、盐码味15分钟；水发竹笋切滚刀块；西芹切菱形块；青红尖椒切段。

2. 将炒锅置旺火上烧热，放油烧至五成热时，放鸡块炸至色泽金黄捞出。炒锅洗净，放清水烧至沸，放入竹笋焯水，打起沥干水分。

3. 炒锅上火，烧油至五成热，放入香辣酱、豆瓣炒至油红出香味，下干辣椒、花椒爆香，倒入马耳朵葱、姜片、蒜片炒匀，下鸡块、竹笋炒匀，掺鲜汤，放盐、胡椒、料酒、白糖略烧，倒入西芹，勾适量水淀粉，使汤汁略有浓度，放味精、淋香油即成。

辣子鸡

主料：鸡块、青椒、红椒、蒜苗。

调料：

●干辣椒、姜片、蒜片、葱段各少许，生抽、盐、鸡粉、料酒、生粉、豆瓣酱、辣椒油、水淀粉、食用油各适量。

制作过程：

1. 洗净的蒜苗切段，青椒、红椒切圈。

2. 将鸡块用生抽、盐、鸡粉、料酒、生粉、食用油拌匀腌渍10分钟，炸至焦黄色捞出。

3. 锅留底油，倒干辣椒、姜片、蒜片、葱段、蒜苗梗煸香，倒入鸡块略炒，加料酒、豆瓣酱、青椒、红椒、蒜苗叶炒匀，加辣椒油、生抽、盐、鸡粉、水淀粉，炒匀调味即可。

家乡煎焗鸡

主料：仔鸡、青红椒。

调料：

●a料：盐、胡椒、料酒、五香粉、姜葱汁；

●葱段、姜片、盐、白糖、味精、香油、色拉油各适量。

制作过程：

1. 仔鸡剁成块，入盆加a料拌匀码味30分钟；青红椒切成菱形块。

2. 码好味的仔鸡入六成热油锅中炸至色泽金黄干香打起。

3. 炒锅上火，烧油至五成热，下入葱段、姜片爆香，倒入仔鸡、青红椒，下盐、白糖、味精调好味，淋香油簸匀起锅装入盘内即可。

操作要领：

仔鸡剁块大小要一致。

尖椒盐菜煸仔鸡

主料：仔鸡、青红尖椒、盐菜。

调料：

●精盐、味精、鸡精、白糖、胡椒粉、豆瓣、辣椒油、花椒油、香油、料酒、老抽、葱花、精炼油各适量。

制作过程：

1. 仔鸡斩成丁，冲去血水，用盐、味精、料酒、胡椒粉、老抽码好味；盐菜洗净切细；尖椒去把去籽切成块。

2. 锅中烧油至三成热时，下入码好的鸡肉，炸至呈金黄色时捞起；锅洗净，至热时下尖椒煸香，下入盐菜煸出香味，下入炸好的鸡肉、豆瓣炒香；加入花椒油、辣椒油、香油、葱花，翻转起锅装盘即成。

招牌泼辣鸡

主料：

鸡肉、茶树菇、洋葱、青椒、红椒。

调料：

●酱油、料酒、盐、红油、干辣椒段、花椒、香菜段、食用油各适量。

制作过程：

1. 鸡肉洗净，用酱油、料酒腌渍；茶树菇洗净；洋葱、青椒、红椒洗净切块。

2. 热锅下油，下干辣椒、花椒、所有主料、水、盐、香菜炒匀至鸡肉变色时，调入红油翻炒后即可起锅。

操作要领：

如果是干茶树菇，一定要剪去根茎，洗净后用温热水先泡发。

营养特点

鸡肉蛋白质含量较高，且易被人体吸收利用，有增强体力、强壮身体的作用。

泡椒三黄鸡

主料：

鸡肉、青笋、泡椒。

调料：

●盐、蒜瓣、野山椒、酱油、红油、食用油各适量。

制作过程：

1. 鸡肉洗净切块；青笋洗净切条。
2. 热锅下油，入蒜瓣、泡椒、野山椒炒香，放鸡肉、青笋同炒，加盐、酱油、红油调味。
3. 加水烧熟，盛盘即可。

操作要领：

由于酱油和泡椒有咸味，所以放盐要谨慎。

营养特点

鸡肉比其他肉类的维生素 A 含量多，而在量方面虽比蔬菜或肝脏差，但和牛肉、猪肉相比，其维生素 A 的含量却高出许多。

泉水鸡

主料： 土仔鸡。

调料：

●豆瓣、泡青椒、糍粑辣椒、姜、蒜、精盐、花椒、白糖、醋、精炼油、啤酒、矿泉水各适量。

制作过程：

1. 鸡宰杀洗净，斩块，用姜、花椒、盐码味。
2. 锅内放油烧热，下豆瓣、糍粑辣椒、泡青椒、蒜、花椒炒香，加进鸡块、白糖、盐、醋、啤酒、矿泉水，烧至鸡肉熟透，起锅装盘即成。

操作要领：

鸡块大小要均匀；加矿泉水要适量。

营养特点

鸡肉脂肪含量较低，且富含不饱和脂肪酸，是心血管疾病患者的理想食品。

苕粉鸡杂

主料： 鸡杂、苕粉。

调料：

●泡椒末、姜蒜米、豆瓣、芹菜末、醋、辣椒油、精炼油、鲜汤、香菜各适量。

制作过程：

1. 鸡杂洗净切块；苕粉水发。
2. 锅放少许精炼油烧热，下豆瓣、姜蒜米、泡椒末炒香，放入鸡杂略炒，再加入鲜汤，放进苕粉烧煮。
3. 盘底放芹菜末、辣椒油、醋，苕粉断生后装盘，放少许香菜、葱花点缀即可。

操作要领：

鸡杂要先用盐、生粉搓洗，再用清水冲洗干净，以有效去掉其杂质和腥味。

盐边砣砣鸡

主料： 乌鸡、小米椒。

调料：

●精盐、味精、鲜汤、精炼油各适量。

制作过程：

1. 乌鸡宰杀洗净，剁成块，放入沸水中汆去血污；小米椒洗净。

2. 锅中放入精炼油烧热，下入小米椒炒香，加入鸡块、精盐、味精，掺入鲜汤烧沸，起锅倒入瓦罐中，上笼蒸熟即可。

操作要领：

小米椒一定要炒香；鲜汤不要掺加过多。

营养特点

乌鸡含有丰富的蛋白质，其蛋白质含量比鸭肉、鹅肉多；还含有丰富的黑色素，入药后能起到使人体内的红细胞和血色素增生的作用。

烟笋煮鸡杂

主料： 烟笋（晒干的竹笋）、鸡胗、鸡肝、鸡肠。

调料：

●泡红椒、泡青椒、泡子姜、香菜、香芹、蒜、味精、精盐、白糖、鲜汤、精炼油、水淀粉各适量。

制作过程：

1. 将烟笋发好，切成小一字条；鸡胗洗净，切成鸡冠形；鸡肝、鸡心切成片；鸡肠切成15厘米长的节，码芡，下油锅滑熟待用。

2. 锅内留油少许，下调料炒香，加鲜汤，去渣，放入烟笋煮熟，然后捞起，置于盘中垫底。原汁下鸡杂稍煮，收汁后盛于配料上，撒上香芹、香菜末，淋入热油即可，成菜呈宝塔形。

操作要领：

煮制鸡杂时，注意火候，不宜太老；收汁时注意汁水多少，并用中火煮。

渝州少妇鸡

主料：

鸡肉、干辣椒、花生米、红椒。

调料：

●盐、红油各适量。

制作过程：

1. 鸡肉洗净切块；干辣椒洗净，炸香；花生米炸香；红椒去蒂洗净，切圈。

2. 热锅下油，下入鸡块炒散至发白，放入红椒、花生米炒熟，调入盐、红油盛盘，干辣椒在旁边摆圈即可。

操作要领：

鸡肉洗净剞上十字花刀，然后改成一字条，放入盆中。

营养特点

鸡肉蛋白质含量较高，且易被人体吸收利用，有增强体力、强壮身体的作用。此外，鸡肉还含有脂肪、钙、磷、铁、镁、钾、钠、维生素 A、B_1、C、E 和烟酸等成分。

麻婆凤肾

主料：

鸡肾、牛肉碎、豆腐。

调料：

●姜、葱、料酒、豆瓣酱、辣椒面、姜米、豆豉、盐、酱油、白糖、味精、鲜汤、水淀粉、色拉油、花椒面、葱花各适量。

制作过程：

1.牛肉碎入锅炒干水汽，打起沥尽油；豆腐切成块，放入沸水锅煮透，连汤汁倒入盆中；鸡肾入碗，加入鲜汤，放姜、葱、料酒，上笼蒸熟，取出沥尽水。

2.炒锅内烧油至五成热，放入牛肉碎、豆瓣酱、辣椒面、姜米、豆豉炒香，掺入适量鲜汤，将豆腐、鸡肾放入锅中，调入盐、酱油、白糖，烧至豆腐入味后，下味精，用水淀粉勾芡，撒入葱花起锅装入玻璃凹盘中，撒上花椒面即可。

操作要领：

鸡肾、豆腐下锅后，不宜翻动过勤，以免形烂。

营养特点

鸡肾具有滋阴壮阳的保健作用。

麻辣水煮鸡

主料：鸡肉、红椒、花椒。

调料：

●盐、味精、豉油。

制作过程：

1. 鸡肉洗净，放入沸水中煮熟，捞出，沥干水分，斩块，将其装入盘中；红椒洗净，沥干水分，切成圈。

2. 油锅烧热，放入红椒、花椒爆香，加入盐、味精、豉油炒匀，调成味汁，浇在鸡块上。

操作要领：

爆花椒、红椒时油温不宜太高，切忌把花椒烫糊。

厨房小知识

鸡肉 + 狗肾会引起痢疾。

巴蜀脆香鸡

主料：鸡肉、花生米。

调料：

●干辣椒、盐、味精、香油、生抽各适量。

制作过程：

1. 鸡肉洗净，切块；干辣椒洗净，切段；花生米洗净。

2. 油锅烧热，下花生米炸香，入鸡肉炸熟，加干辣椒炒匀。

3. 用盐、味精、香油、生抽调味，装盘即可。

操作要领：

炸鸡时可以多放些油，这样能炸得金黄。只是炸好后，应先倒去多余的油。

厨房小知识

鸡肉 + 糯米同食会引起身体不适。

农家土鸡钵

主料：土鸡、红椒。

调料：

●盐、料酒、香菜、酱油各适量。

制作过程：

1. 土鸡洗净，切成块；红椒洗净，切成圈；香菜洗净，沥干水分。
2. 锅内注油烧热，下鸡肉、红椒翻炒至变色，注入适量清水一起焖煮。
3. 煮至熟后，加入盐、酱油、料酒入味，撒上香菜即可。

操作要领：

鸡肉炒至金黄色再加水焖煮。

炝香鸡

主料：鸡、辣椒。

调料：

●盐、生抽、香油、干辣椒、葱白各适量。

制作过程：

1. 鸡洗净，汆水并煮熟，切块，盛盘；干辣椒洗净，切段；葱白、辣椒洗净，切丝。
2. 油锅烧热，入干辣椒、辣椒炒香，下葱白炒香，加盐、生抽调成味。
3. 味汁淋在鸡身上，再淋上香油即可。

操作要领：

煮鸡时可放少许老姜、花椒同煮，这样煮出的鸡既无异味，也更鲜香。

茶树菇回味鸡

主料：

鸡、茶树菇。

调料：

●姜片、盐、白胡椒粉、葱段各适量。

制作过程：

1. 鸡洗净，切块，入沸水中汆去血水；茶树菇泡发，洗净，入沸水中焯一下。
2. 砂锅中加清水烧开，下鸡、姜片，炖 30 分钟。
3. 加入茶树菇，小火炖 1 小时，加盐、白胡椒粉、葱段即可。

操作要领：

大火烧开后一定要用勺子把汤表面的那些浮沫撇出去，鸡的味道才会更好。

营养特点

本菜有增强肝脏的解毒功能、提高免疫力、防止感冒和坏血病的功效。

厨房小知识

鸡屁股除了含有大量脂肪外，还聚集着无数个淋巴组织，淋巴中暗藏病菌、病毒、致癌物等有害物质，因此不建议食用。

大千香鸡块

主料：

鸡肉、小洋葱。

调料：

●水淀粉、干辣椒、大葱、姜片、生抽、盐、味精、豆豉、食用油各适量。

制作过程：

1. 鸡肉洗净，切块，用水淀粉上浆；干辣椒、大葱洗净，切段；小洋葱洗净，切片。
2. 油锅烧热，入干辣椒、姜片、洋葱片、豆豉、盐、味精、生抽爆香，下鸡块煸炒，加大葱炒匀即可。

操作要领：

用厨房纸把鸡肉多余的水分吸掉。

营养特点

本菜尤其适合一些身体虚弱、贫血、身体疲劳乏力的人食用，其中的磷酯类营养物质是人体所需的重要营养物质，对营养不良的儿童、月经不调的妇女、贫血的孕妇、畏寒畏冷的老人都是非常好的滋补食品。

厨房小知识

大蒜性辛温有毒，主下气消谷、除风、杀毒，而鸡肉甘酸温补，两者功用相左。且蒜气熏臭，从调味角度讲，也与鸡不合。

剁椒蒸鸡腿

主料： 鸡腿、剁椒酱、红蜜豆、姜片、蒜末。

调料：

●海鲜酱、鸡粉、料酒各适量。

制作过程：

1. 取一小碗，倒入备好的剁椒酱、少许海鲜酱，撒上姜片、蒜末；淋入适量料酒，放入少许鸡粉，拌匀，制成辣酱，待用。
2. 取一蒸盘，放入洗净的鸡腿，摆好，撒上适量的红蜜豆，再盛入调好的辣酱，铺匀。
3. 蒸锅上火烧开，放入蒸盘，盖上盖，用大火蒸约20分钟，至食材熟透；关火后揭盖，取出蒸盘即可。

操作要领：

在鸡腿上切几处刀花，这样蒸的时候鸡肉更易入味。

厨房小知识

鸡腿具有益气、补精、增强体力、强壮身体等作用。

蒜薹鸡杂

主料： 鸡肝、鸡胗、鸡心、蒜薹。

调料：

●盐、醋、老抽、蒜薹、红椒、食用油各适量。

制作过程：

1. 鸡肝、鸡胗、鸡心洗净，切成片；蒜薹洗净，切段；红椒洗净，切圈。
2. 锅内注油烧热，下鸡肝、鸡心、鸡胗翻炒至变色，加入盐、醋、老抽入味。
3. 放蒜薹、红椒翻炒至熟即可。

操作要领：

炒蒜薹时火不要太大。

特色凤爪煲

主料：

鸡爪。

调料：

●盐、老抽、葱花、白糖、料酒、红油、红椒、食用油各适量。

制作过程：

1. 鸡爪洗净；红椒洗净切碎。
2. 将鸡爪煮熟，入冷水浸泡后捞出。
3. 油锅烧热，放入红椒、老抽、白糖、料酒、红油炒香，调入盐，将味汁淋在鸡爪上，最后撒上葱花即可。

操作要领：

鸡爪用肉鸡爪，较肥厚，土鸡爪瘦长，肉薄不好吃。

营养特点

鸡爪的营养价值颇高，含有丰富的钙质及胶原蛋白，多吃不但能软化血管，同时具有美容功效。

豆花冒鹅肠

主料：

鹅肠、豆花。

调料：

●香芹、精炼油、味精、精盐、特制香辣料、鲜汤各适量。

制作过程：

1. 鹅肠洗净，切成10厘米长的段；香芹切碎备用。
2. 锅内放入油烧热，下香辣料煸炒出香，加入鲜汤、精盐、味精、豆花，煮至豆花入味后捞出，装入盘中。
3. 滚汤中放入鹅肠，煮至八成熟时捞出，盛于豆花上，浇上原汤，撒上香芹末即可。

操作要领：

煮豆花用小火，以免冲烂；下鹅肠宜用旺火，以免鹅肠老绵。

营养特点

鹅肠营养丰富，脂肪含量低，不饱和脂肪酸含量高，对人体健康十分有利。

雪魔芋烧鸭

主料：

鸭肉、雪魔芋。

调料：

●盐、酱油、料酒、香菜、食用油各适量。

制作过程：

1. 鸭肉洗净斩块，用盐、酱油、料酒腌渍；雪魔芋泡发切块；香菜洗净。
2. 油锅烧热，倒入鸭块，清水烧开。
3. 放入雪魔芋焖熟，加入盐、酱油调味，收汁时撒上香菜即可。

操作要领：

将雪魔芋用清水（温水）泡发 1 个小时以上，然后挤干水分备用。

营养特点

魔芋的可溶性膳食纤维，在肠胃中会吸水变得膨胀起来，从而增加饱腹感，还会在肠胃中变为胶质状态，阻止脂肪的吸收。

厨房小知识

鸭肉与海带共炖食，可软化血管，降低血压，对老年性动脉硬化和高血压、心脏病有较好的疗效。

干锅鸭

主料：鸭、青辣椒、红辣椒。

调料：

●姜、蒜、精炼油、生抽、花椒粒、卤水各适量。

制作过程：

1.将鸭宰杀洗净，放入卤水中卤至断生入香后捞出，剁成块；青红椒斜切圈状；姜切丝；蒜切片。

2.炒锅下油油热，倒入鸭肉炸至外皮变黄后时盛出。

3.锅内留底油烧热，爆香辣椒、蒜片、姜丝，下少许的花椒粒，再加入过油的鸭肉和少许生抽，翻炒匀后出锅即可。

操作要领：

鸭子膻味较重，在卤制过程中应注意码味去膻。

锅仔辣鸭唇

主料：卤鸭唇、黄瓜、笋子、水发香菇。

调料：

●香辣酱、干辣椒、花椒、葱节、姜片、熟大蒜、豆腐乳、盐、白糖、味精、鲜汤、色拉油、熟芝麻、香菜各适量。

制作过程：

1.黄瓜、笋子、水发香菇分别切成条。

2.炒锅上火，烧油至六成热，将鸭唇下入锅中炸干水气打起备用。

3.锅内留油少许，投入香辣酱、干辣椒、花椒、葱节、姜片、熟大蒜炒香，下鸭唇、黄瓜、笋子、水发香菇炒匀，掺入鲜汤，放入豆腐乳、盐、白糖调好味，待烧至鸭唇入味后，调入味精，待汤汁将干时起锅装入盛器中，撒上香菜、熟芝麻即可。

操作要领：

卤鸭唇已经有一定咸味，注意盐的用量。

回锅烤鸭

主料：烤鸭、洋葱、红椒、蒜苗。

调料：

●豆瓣酱、老干妈豆豉、料酒、盐、味精、色拉油各适量。

制作过程：

1. 烤鸭、洋葱分别切片；红椒切成块；蒜苗切段。
2. 洋葱、红椒分别入热油锅中过油至断生打起。
3. 锅内烧油至五成热，下入烤鸭炒干水汽，放入豆瓣酱、老干妈豆豉、料酒炒香，放入洋葱、红椒、蒜苗炒匀，用盐、味精调好味起锅装入盘中即可。

操作要领：

由于豆瓣酱和老干妈豆豉均有咸味，所以应注意盐的用量。

营养特点

烤鸭中含有人体所需要的全部氨基酸。

炝锅鸭舌

主料：香卤鸭舌、青红尖椒、油酥花仁。

调料：

●香辣酱、干辣椒、青花椒、葱节、姜片、蒜片、盐、白糖、味精、鸡精、香油、色拉油、香菜各适量。

制作过程：

1. 青红尖椒切成节。
2. 炒锅烧油至六成热，下入鸭舌炸干表面水汽打起。
3. 锅内留油，放入香辣酱、干辣椒、青花椒、葱节、姜片、蒜片、青红尖椒炒香，下鸭舌，调入盐、白糖、味精、鸡精炒匀，淋香油起锅装入盛器中，撒上香菜即可。

操作要领：

如果是鲜鸭舌，可以先用盐、姜、葱、料酒、胡椒、五香粉码味，直接炸后炒制。

魔芋烧鸭

主料：

鸭肉、魔芋。

调料：

●盐、泡红椒、香菜、姜末、高汤、食用油各适量。

制作过程：

1. 鸭肉洗净切块，汆水捞出。
2. 魔芋洗净切块，焯水捞出；香菜洗净切段。
3. 油锅烧热，入姜末炒香，加鸭块翻炒，放魔芋块、泡红椒、盐，注入高汤烧开，续煮半小时，撒上香菜即可。

操作要领：

魔芋要先用水焯一下，因为魔芋在加工过程中会加入碱，焯水有助于去掉碱味。

营养特点

魔芋是有益的碱性食品，对食用动物性酸性食品过多的人，搭配吃魔芋，可以达到食品酸、碱平衡，对人体健康有利。

厨房小知识

吃鸭肉的同时是不建议一起吃兔肉的，因为鸭肉与兔肉都属于寒性较大的食物，一起吃的话很容易会导致腹泻、水肿等情况出现，所以不建议两者同食。

丁香鸭

主料：

鸭肉、桂皮、八角、丁香、草豆蔻、花椒、姜片、葱段。

调料：

●盐、冰糖、料酒、生抽、食用油各适量。

制作过程：

1. 将洗净的鸭肉斩成小件。
2. 热水锅，倒入鸭肉块，淋入少许料酒，拌匀，氽煮约 2 分钟，捞出，沥干，待用。
3. 起油锅，撒上姜片、葱段，爆香，倒入氽好的鸭肉，炒匀，淋入少许料酒，炒出香味，淋上适量生抽，炒匀炒透；加入冰糖，炒匀，放入备好的桂皮、八角、丁香、草豆蔻、花椒，炒匀炒香，注入适量清水，大火煮沸，加入少许盐；盖上盖，转中小火焖煮约 30 分钟，至食材熟透；揭盖，拣出姜葱以及其他香料，再转大火收汁，盛出，装盘即可。

操作要领：

收汁时若加入少许芝麻油，菜肴的色泽会更艳丽。

营养特点

鸭肉是含B族维生素和维生素E比较多的肉类，与桂皮共炖食，具有温脾胃、消饮食、理气滞、固本培元等功效。

蜀香鸡

主料：

鸡翅根、鸡蛋、青椒、干辣椒、花椒、蒜末、葱花。

调料：

●盐、鸡粉、豆瓣酱、辣椒酱、料酒、生抽、生粉、食用油各适量。

制作过程：

1. 将洗净的青椒切圈，鸡翅根斩成小块；鸡蛋打入碗中，搅散，制成蛋液，待用。
2. 把鸡块装入碗中，倒入适量蛋液，加入盐、鸡粉，拌匀；再撒上适量生粉，拌匀挂浆，腌渍约10分钟，至其入味。
3. 热锅注油，烧至四五成热，倒入腌渍好的鸡块，轻轻搅拌匀，炸约1分钟，至其呈金黄色，捞出鸡块，沥干油，待用。
4. 锅底留油烧热，放入蒜末、干辣椒、花椒，用大火爆香，倒入青椒圈，再放入炸好的鸡块，翻炒匀；淋上少许料酒，加入豆瓣酱、生抽、辣椒酱，炒匀调味；撒上葱花，用大火快炒，至散出葱香味，盛出，装盘即可。

营养特点

鸡蛋含有丰富的卵磷脂、固醇类、蛋黄素、维生素及钙、磷、铁等营养成分，人体的消化吸收率高，对增进神经系统的功能大有裨益，是较好的健脑食品。

厨房小知识

腌渍鸡肉时可以用竹签在鸡肉上扎些小洞，这样更易入味。

馋嘴鸭掌

主料：

鸭掌、黄瓜、干辣椒。

调料：

●盐、蒜瓣、花椒粉、酱油、食用油各适量。

制作过程：

1. 将鸭掌洗净，切去趾尖；黄瓜洗净，切条；干辣椒洗净，切段。
2. 锅中倒油烧热，放干辣椒、蒜瓣爆香。
3. 再放入鸭掌、黄瓜炒匀，掺少许水烧干，再调入盐、酱油、花椒粉，炒熟即可。

操作要领：

煮鸭掌的时候可以盖上锅盖焖烧。

营养特点

鸭掌具有丰富的营养价值，一般人群均可食用，尤其适合骨营养不良者。

厨房小知识

新鲜的鸭掌不适宜长时间冷藏保鲜，最好在 1 ~ 2 天内食用。

渔夫江水鸭

主料： 土鸭。

调料：

●泡菜、泡椒节、野山椒、黄灯笼辣椒、精盐、味精、鸡精、精炼油各适量。

制作过程：

1. 土鸭宰杀洗净，斩成大块；黄灯笼辣椒剖开，去籽切成块。
2. 锅中加入精炼油烧热，下入鸭块煸香，加入泡菜、泡椒节、野山椒、黄灯笼辣椒块一起煸炒后，注入高汤，倒入高压锅中压制 6 分钟即可。

操作要领：

鸭肉一定要煸干水汽，用高压锅压制要掌握好时间。

营养特点

吃鸭肉可除湿解毒、滋阴养胃。

香辣鸭下巴

主料： 鸭下巴、青红椒。

调料：

●干辣椒、花椒、葱段、蒜片、精盐、味精、鸡精、白糖、精炼油各适量。

制作过程：

1. 鸭下巴洗净，下入沸水中汆去血污，再下入卤水锅中卤熟；青红椒切条待用。
2. 锅中加入精炼油烧至三成热，下入花椒、干辣椒、葱段、蒜片炒香，再下入青红椒条、鸭下巴快速炒片刻，调入味精、鸡精、白糖、料酒炒匀，起锅装盘即可。

操作要领：

卤鸭下巴时，要用小火浸卤。

泡菜烩鸭血

主料： 鸭血、泡菜。

调料：

●泡椒末、豆粉、鲜汤、精炼油、姜片、葱段、精盐、味精、料酒、香油、豆瓣各适量。

制作过程：

1. 鸭血切成块，入沸水汆水；泡菜切成条。
2. 锅中放入精炼油烧热，下豆瓣炒出色，下泡菜、泡椒末、姜片炒香，加入鲜汤、葱段、料酒烧沸，下鸭血、味精、盐推匀，用豆粉勾芡，淋香油，起锅即成。

操作要领：

鸭血不宜汆老；泡菜要炒香。

营养特点

鸭血性寒味咸，能补血解毒，对痨伤、吐血及痢疾有辅助治疗作用，与泡菜合烹，风味独特，营养丰富，有开胃助食等功效。

酸辣鸭血

主料： 鸭血。

调料：

●豆瓣酱、精盐、味精、鸡精、醋、鲜汤、化猪油各适量。

制作过程：

1. 将鸭血划成 2.5 厘米大小的块，汆水捞出备用。
2. 锅烧适量鲜汤，入鸭血、豆瓣酱、盐、味精、鸡精、醋、化猪油，待鸭血煮熟入味，即可起锅装盘。

操作要领：

鸭血盛于漏勺汆水，以沥去未凝固的血水；烧时老嫩要适度。

厨房小知识

焯水的时候锅里的水要宽，充分没过鸭肉才好。

酸菜鸭血

主料： 鸭血、酸菜。

调料：

●盐、泡椒、葱段、红油、生抽、食用油各适量。

制作过程：

1. 鸭血洗净，切块；酸菜切小块。
2. 油锅置火上，注入适量清水烧开，放入酸菜、鸭血、泡椒，加盐、红油、生抽调味。
3. 煮至断生，放入葱段起锅即可。

操作要领：

酸菜要用清水浸泡一下，去掉一些咸味再烧制。

营养特点

鸭血味咸，性寒，有补血解毒的功效。

一品毛血旺

主料： 鸭血、午餐肉、牛百叶、胡萝卜、青椒、凤尾菇。

调料：

●盐、料酒、花椒、糍粑海椒、干辣椒、高汤、猪油、熟芝麻、食用油各适量。

制作过程：

1. 所有主料洗净。
2. 油锅烧热，放入花椒、糍粑海椒、干辣椒炒香，加高汤熬成红汤后捞出渣。
3. 将鸭血、凤尾菇、牛百叶、青椒、胡萝卜、午餐肉等下入红汤煮熟，调入猪油、盐、料酒，撒上熟芝麻即可。

操作要领：

鸭血要焯烫过之后再煮，可去除一些脏血和腥味。

Part 4

麻辣鲜香　百菜百味

招牌川味风味菜之

热菜·水产篇

剁椒鲈鱼

主料：

鲈鱼、剁椒。

调料：

●鸡粉、蒸鱼豉油、芝麻油、葱条、葱花、姜末各适量。

制作过程：

1. 处理干净的鲈鱼由背部切上花刀。取一个碗，倒入剁椒，放入姜末，淋入适量蒸鱼豉油，加入鸡粉，搅拌均匀，制成辣酱，待用。
2. 取一个蒸盘，铺上洗净的葱条，放入切好的鲈鱼，再铺上辣酱，摊匀，淋入少许芝麻油，待用。
3. 蒸锅上火烧开，放入蒸盘，盖上盖，用中火蒸约7分钟，至食材熟透。
4. 关火后揭盖，取出蒸盘，趁热浇上少许蒸鱼豉油，点缀上葱花即成。

操作要领：

鲈鱼去掉内脏和表面鳞片，清洗干净，用盐和料酒腌渍15分钟。

营养特点

鲈鱼的蛋白质含量很丰富，有补益五脏、益筋骨、调和肠胃的作用；葱所含的挥发油被人体吸收后能增进食欲，促进消化。此菜可辅助调理脾胃。

厨房小知识

把鱼破肚以后用温水把鱼多洗上两遍。但是一定要记住是温水，千万不要用烫的水。

泡菜半汤鳜鱼

主料： 鳜鱼、泡酸菜。

调料：

●鲜汤、鸡蛋清、细豆粉、精盐、胡椒粉、鸡精、味精、香葱、山椒汁、料酒、泡姜末、蒜末、精炼油各适量。

制作过程：

1. 酸菜切成片；野山椒剁细；香葱切成花；鳜鱼宰杀后去头，斩成 4 段，鱼肉切成片，加少许精盐、料酒、鸡蛋清、细豆粉拌匀。
2. 锅内放酸菜和泡姜炒香，加野山椒汁、料酒、鲜汤，熬出酸味后打出酸菜，汤中放入精盐、胡椒粉、味精、鸡精熬一下，放入鱼片汆熟后捞出洒上葱花。锅中放少许油炒蒜末、野山椒末，炒香后淋上即成。

操作要领：

鳜鱼下锅时间要短，油不能多。

营养特点

鳜鱼属高蛋白、低脂肪的水产动物，营养丰富；酸菜富含对人体有益的乳酸菌和氨基酸。

厨房小知识

牛奶渍鱼格外香！把收拾好的鱼放到牛奶里泡一下，取出后裹一层干面粉，再入热油锅中炸制，味道特别香美。

蕨根粉冒泥鳅片

主料： 鲜泥鳅、蕨根粉。

调料：

● 豆豉、火锅汤料、炒黄豆面、蒜泥、精盐、味精、香油、花椒油各适量。

制作过程：

1. 泥鳅对剖，去内脏洗净；蕨根粉用水泡发；用一大碗，放入精盐、味精、香油、花椒油、蒜泥、豆豉、炒黄豆面调匀。
2. 火锅汤料入锅置火上烧沸，泥鳅和蕨根粉盛入漏瓢下汤中冒熟，然后捞入大碗中即可。

操作要领：

冒主料最好用竹制专用笊篱，以免混入火锅料渣。

营养特点

泥鳅味甘性平，具有祛风利湿、补中益气的作用，含蛋白质、糖等营养成分较高，是药食兼可的佳品。

鲜椒耙泥鳅

主料： 泥鳅、罗汉笋、青红椒节。

调料：

● 小米辣、豆瓣、葱、姜、洋葱、大蒜、鲜露、鲜花椒、味精、鸡精、白糖、醋、胡椒粉、食用油各适量。

制作过程：

1. 泥鳅剖杀，用清水冲洗干净，用油炸一下。
2. 锅中加入油烧热，下豆瓣、葱、姜、洋葱、大蒜、小米辣、鲜露、鲜花椒炒香，加入鲜汤熬制成红汤。
3. 锅中放油烧热，加小米辣、鲜花椒、红汤烧沸，放入泥鳅、罗汉笋烧熟，调入味精、鸡精、白糖、醋、胡椒粉，起锅装盘，撒上青红椒节即可。

操作要领：

熬制红汤时味要浓，泥鳅煨制时间不宜过长。

干收泥鳅

主料： 鲜泥鳅。

调料：

●盐、味精、料酒、胡椒粉、糖色、姜末、葱段、干辣椒节、白糖、花椒粒、辣椒油、鲜汤、油各适量。

制作过程：

1. 泥鳅洗净，用盐、料酒、姜、葱抹匀，腌 20 分钟，然后放入五成热的油锅中炸两次，炸至呈金黄色时捞出沥油。

2. 锅留少许油，下干辣椒节、花椒粒炒出味，掺入鲜汤，放入泥鳅、盐、料酒、白糖、糖色、胡椒粉烧沸，改用小火慢慢收汁入味，再放味精、芝麻油、辣椒油推匀，起锅装盘即成。

操作要领：

泥鳅要炸得熟而不煳为佳。

厨房小知识

泥鳅与黄瓜一同食用，会不利于营养物质的消化和吸收，所以二者不宜搭配同食。

峨眉鳝丝

主料： 鳝鱼、黄豆芽、水发粉丝、蒜苗。

调料：

●泡辣椒、豆瓣酱、干辣椒、花椒、姜米、蒜米、盐、白糖、醋、料酒、胡椒粉、鲜汤、水淀粉、色拉油各适量。

制作过程：

1. 鳝鱼洗净切成丝；蒜苗切成段；泡辣椒剁茸。

2. 锅内烧油至五成热，下鳝丝煸炒至水汽干，放入泡辣椒、豆瓣酱、花椒、姜米、蒜米、料酒炒香，掺入鲜汤，放入盐、白糖、醋、胡椒粉、味精调好味，下黄豆芽、粉丝烧入味，用水淀粉收浓汤汁，起锅装于盆中。干辣椒、花椒入热油锅炒香，起锅淋于鳝丝上即可。

操作要领：

鳝丝要切得稍粗一点，以免煸炒时碎烂。

泡菜焖黄鱼

主料：

泡菜、净黄鱼。

调料：

●白酒、水淀粉、生粉、豆瓣酱、老抽、盐、白糖、味精、食用油各适量，姜片、蒜片、葱段各少许。

制作过程：

1. 净黄鱼放入盘中，加盐、白酒、生粉腌至入味；炒锅注油，烧至六成热，放入黄鱼，炸成金黄色，捞出沥油，盛盘待用。
2. 锅底留油，倒入姜片、蒜片、葱段，大火爆香，再放入泡菜，翻炒均匀，淋入少许白酒，再注入适量清水，用大火煮沸。
3. 加味精、盐、白糖，再淋入少许老抽，拌匀上色，略煮片刻，放入豆瓣酱，拌匀，下入黄鱼，边煮边浇汁，用中火煮至入味。
4. 转小火后盛出黄鱼，放入盘中，再转大火烧开锅中的汤汁，倒入少许水淀粉勾芡，调成稠汁，关火后盛出稠汁，浇在鱼身上即成。

操作要领：

如要上色更加好看，可加少量的酱油。

营养特点

黄鱼中含有丰富的蛋白质、微量元素、维生素，对人体有很好的补益作用；泡菜能帮助消化、防止便秘、防止细胞老化。此菜可促进机体新陈代谢，有美容养颜的功效。

生爆甲鱼

主料：

甲鱼肉块、蒜苗、水发香菇。

调料：

●盐、鸡粉、白糖、老抽、生抽、料酒、水淀粉、食用油、香菜、姜片、蒜末、葱段、辣椒面各适量。

制作过程：

1. 蒜苗、香菜切段；香菇切小块。
2. 锅中加水、甲鱼肉块、料酒，汆去血渍，捞出。
3. 油起锅，放姜片、蒜末、葱段、香菇块、甲鱼肉，炒匀。
4. 加入生抽、料酒、辣椒面、清水、盐、鸡粉、白糖、老抽，略煮。
5. 加水淀粉、蒜苗，炒至断生，点缀上香菜即可。

操作要领：

甲鱼用清水反复浸泡，冲去血水，再用调料腌一下。

营养特点

甲鱼含有丰富的优质蛋白质、氨基酸、矿物质、微量元素以及维生素 A、B_1、B_2 等，具有鸡、鹿、牛、猪、鱼 5 种肉的美味，素有“美食五味肉”之称。

厨房小知识

吃甲鱼一定要宰食活的，不能吃死的，因为甲鱼体内含较多的组胺酸，死后极易腐败变质，组胺酸可分解产生有毒的组胺物质，食后会引起中毒。

折耳根煸鳝丝

主料：鲜鳝鱼、折耳根、青红椒丝。

调料：

●豆瓣酱、鸡精、味精、香油、花椒油、老油、干椒丝、姜丝各适量。

制作过程：

1. 鲜鳝鱼洗净切丝，下油锅炸一下捞出；折耳根洗净切小节备用。

2. 炒锅放入老油烧热，下豆瓣酱炒香出色，再加入干椒丝、姜丝、鳝丝一同煸炒入味，下折耳根、青红椒丝略炒，放香油、花椒油、鸡精、味精炒匀起锅即成。

操作要领：

鳝丝过油五成热为宜，不要炸老。

营养特点

鳝鱼味甘、性温，具有补虚损、除风湿、强筋骨、止痔血等功效。

豆腐烧鳝鱼

主料：鳝鱼、豆腐。

调料：

●精盐、味精、豆瓣、姜、蒜米、葱、泡红椒、料酒、鲜汤、水豆粉、香油、精炼油各适量。

制作过程：

1. 鳝鱼去骨斩段；豆腐改一指条。

2. 锅中下油烧热，放入豆瓣炒香出色后，下姜、蒜米，烹入料酒，掺入鲜汤，沸后打渣，吃好味，放入鳝鱼、豆腐，用小火烧至鱼熟且豆腐入味，用水豆粉勾芡，下马耳葱、泡红辣，淋入香油，起锅装盘即成。

操作要领：

炒豆瓣时火要控制好，过大易把豆瓣炒煳，不出色；小了又不收水分，不香，也不出色。

厨房小知识

黄鳝动风，有瘙痒性皮肤病者忌食。

酸萝卜烩响螺片

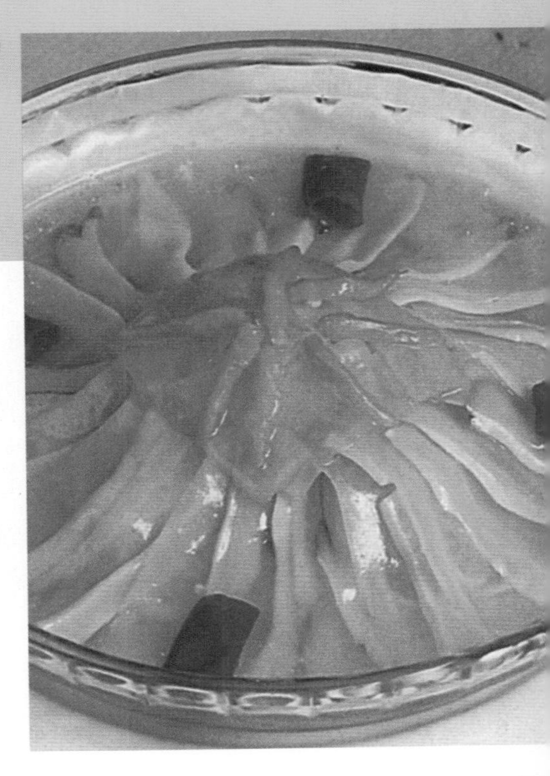

主料：水发响螺片、酸萝卜。

调料：

●精盐、胡椒粉、味精、精炼油、水豆粉、鲜汤、泡红椒节、香油、野山椒、泡子姜片各适量。

制作过程：

1. 将酸萝卜、螺肉洗净切片。
2. 锅中入油烧热，下酸萝卜炒香，掺鲜汤烧开，下各种调料及响螺片，烧熟糯后勾薄芡，淋入香油，起锅即成。

操作要领：

螺片一定要发透洗净，否则会影响口感；调味要突出咸鲜味。

营养特点

螺肉味甘、性冷，味鲜美而营养丰富，用作食疗可治眼疾和心痛，因而颇受人们喜爱。

馋嘴蛙

主料：牛蛙、青笋。

调料：

●郫县豆瓣、蒜苗、姜、大蒜、花椒粒、干辣椒、盐、味精、料酒、香菜、精炼油各适量。

制作过程：

1. 牛蛙宰杀去皮、内脏，斩成块洗净，加入盐、料酒腌15分钟；青笋去皮，切成条；干辣椒切段；姜蒜均成切片；蒜苗洗净切成节。
2. 锅中放入精炼油烧热，下入豆瓣、干辣椒、花椒、姜蒜炒香出色，加入牛蛙炒变色，再加入青笋条、蒜苗，掺入清水烧煮，待牛蛙熟透时，调入盐、味精，起锅装盘，撒上香菜即可。

操作要领：

牛蛙要炒干水汽；青笋脆嫩，不宜久煮。

老黄瓜炒花甲

主料：

老黄瓜、青椒、红椒、花甲。

调料：

●豆瓣酱、盐、鸡粉、料酒、生抽、水淀粉、食用油各适量，姜片、蒜末、葱段各少许。

制作过程：

1. 将洗净去皮的老黄瓜切成片；洗好的青椒、红椒切开，去籽，再切成小块。
2. 锅中注水烧开，倒入花甲，用大火煮一会儿，捞出，放入清水中洗净，沥干后待用。
3. 用油起锅，放入姜片、蒜末、葱段、黄瓜片、青椒、红椒、花甲，翻炒均匀。
4. 加入豆瓣酱、鸡粉、盐、料酒、生抽、水淀粉，翻炒至食材熟透、入味即成。

操作要领：

处理花甲前，可将其放入淡盐水中，以使它吐尽脏物。

营养特点

花甲又叫蛤蜊，有滋阴润燥、利尿消肿的功效。花甲的营养价值是高蛋白、高微量元素、高铁、高钙、少脂肪。

干煸鱿鱼丝

主料：

鱿鱼、猪肉、青椒、红椒。

调料：

●盐、鸡粉、料酒、生抽、辣椒油、豆瓣酱、食用油各适量，蒜末、干辣椒、葱花各少许。

制作过程：

1. 锅中注水烧开，放入猪肉，去除多余油脂，捞出。
2. 青椒、红椒切圈；猪肉切条；鱿鱼切成条。
3. 将鱿鱼装碗中，放入盐、鸡粉、料酒，腌至入味。
4. 锅中注水烧开，倒入鱿鱼丝，煮至变色，捞出。
5. 放猪肉、生抽、干辣椒、蒜末、豆瓣酱、红椒、青椒。
6. 放鱿鱼丝、盐、鸡粉、辣椒油、葱花炒匀即可。

操作要领：

鱿鱼焯水的时间不宜过久，以免影响口感。

营养特点

鱿鱼富含钙、磷、铁，利于骨骼发育和造血，能有效治疗贫血。

泡椒牛蛙

主料： 牛蛙、泡椒。

调料：

●精盐、味精、胡椒粉、料酒、泡姜、葱、香油、红油、淀粉、精炼油各适量。

制作过程：

1. 牛蛙宰杀后去头、皮、内脏，洗净斩块，用盐、胡椒粉、淀粉、料酒码味上浆；泡椒去蒂去籽，洗净。
2. 锅内放精炼油，烧至七成热时下牛蛙滑至断生，捞出沥油。
3. 锅留少许油，下泡椒、泡姜片、葱节炒出香味，再下牛蛙、料酒、味精、香油、红油翻炒均匀，起锅装盘即可。

操作要领：

蛙肉要冲洗干净，滑油时间不宜过长。

营养特点

牛蛙味甘，性平寒，有利水、消肿、止咳、解毒之功效。

孜然牛蛙

主料： 牛蛙、土豆。

调料：

●精盐、味精、白糖、辣椒粉、花椒、孜然粉、料酒、精炼油各适量。

制作过程：

1. 牛蛙处理干净，斩成丁；土豆削皮，切成丁。
2. 锅内放入油烧至七成热，下牛蛙炸至呈棕黄色时捞出，下土豆炸熟铲出。
3. 锅另下油烧热，下辣椒粉炒香，下牛蛙、土豆、盐、味精、白糖、花椒、孜然粉、料酒炒匀，起锅装盘即成。

操作要领：

牛蛙要洗净，去头、脚、内脏；土豆丁要小于蛙丁。

干锅香辣蟹

主料：肉蟹。

调料：

●干辣椒、花椒、葱节、姜片、蒜蓉、蚝油、盐、味精、鲜汤、干细淀粉、水淀粉、色拉油、香菜各适量。

制作过程：

1. 肉蟹宰杀洗净，剁成块。
2. 炒锅上火，烧油至七成热，将肉蟹扑上少量干细淀粉，下入锅中炸熟打起备用。
3. 锅内留油少许，投入干辣椒、花椒、葱节、姜片、蒜蓉炒香，下肉蟹炒匀，掺入鲜汤，放入蚝油、盐、胡椒调好味，烧至肉蟹入味后，调入味精，用水淀粉勾芡，炒匀起锅装入盛器中，撒上香菜即可。

操作要领：

肉蟹炸制时应高油温下锅，以免蟹肉脱落。

营养特点

蟹有抗结核作用，吃蟹对结核病的康复大有补益。

锅仔小龙虾

主料：小龙虾、青红尖椒。

调料：

●香辣酱、豆瓣酱、葱节、姜片、蒜片、料酒、盐、白糖、味精、鲜汤、干细淀粉、香油、色拉油、香菜各适量。

制作过程：

1. 小龙虾加姜、葱、料酒拌匀，码味15分钟。青红尖椒切成节。
2. 锅内烧油至六成热，下入小龙虾炸干表面水汽，打起。
3. 锅内留油少许，放入香辣酱、豆瓣酱炒至油红，放入青红尖椒、葱节、姜片、蒜片炒香，下小龙虾，掺入适量鲜汤，调入盐、白糖烧至汤汁将干时，下味精，淋香油，起锅装入锅仔内，撒上香菜即可。

操作要领：

若汤汁过多，可勾适量水淀粉。

功夫鲈鱼

主料：

鲈鱼、菜心、青椒、红椒。

调料：

●盐、味精、泡椒、胡椒粉、生粉、食用油各适量。

制作过程：

1. 泡椒切碎；红椒、青椒切圈；鲈鱼洗净肉切片，骨斩块。
2. 鲈鱼肉片、鱼骨块中加入盐、味精、胡椒粉、生粉腌渍。
3. 鲈鱼头、尾用盐、生粉拌匀；青椒圈、红椒圈用盐、味精拌匀。
4. 锅中注入水烧热，放入洗净的菜心焯熟，捞出。
5. 用食用油起锅，放入鲈鱼头、尾稍炸捞出。
6. 倒入鲈鱼肉片、骨块滑油；将食材摆盘，淋入热油即可。

操作要领：

鲈鱼洗净后，放盆中倒入黄酒略微腌渍，就能除去鱼的腥味，并能使鱼肉滋味鲜美。

营养特点

鲈鱼肉是高蛋白肉类，富含维生素 A 和维生素 B，能滋补肝肾脾胃，对感冒咳嗽也有疗效，可化痰止咳。

麻辣干锅虾

主料：

基围虾、莲藕、青椒。

调料：

●料酒、生抽、盐、鸡粉、辣椒油、花椒油、食用油、水淀粉、郫县豆瓣、白糖、干辣椒、花椒、姜片、蒜末、葱段各适量。

制作过程：

1. 莲藕洗净切丁；青椒治净切块；基围虾洗净。
2. 用食用油起锅，倒入基围虾，炸至亮红色，捞出。
3. 锅留油烧热，倒入干辣椒、花椒、姜片、蒜末、葱段爆香。
4. 倒入莲藕丁、青椒块、郫县豆瓣、基围虾翻炒。
5. 加入料酒、生抽、水、盐、鸡粉、白糖、辣椒油煮开。
6. 加入花椒油炒匀，调入水淀粉勾芡，盛入盘中即可。

操作要领：

基围虾滑油的时间不要过久，以免虾仁变老，影响口感；将虾洗净，用刀从背上划开一个口子，一是方便入味，还有就是可取出虾线。

营养特点

基围虾含有维生素 B_6、蛋白质、脂肪、泛酸、叶酸等成分，有利于预防高血压及心肌梗死。

泡菜江团

主料：江团、酸菜。

调料：

●泡姜、野山椒、鲜汤、蒜蓉、葱花、西红柿、味精、鸡精、料酒、菜油、猪油各适量。

制作过程：

1. 江团剖杀洗净，再将鱼肉起片，骨剁块，码味上浆；酸菜切片，泡姜片、野山椒切粒，西红柿切丁。
2. 锅中下混合油烧热，下鱼骨、酸菜、泡姜、野山椒炒香，烹料酒，加入鲜汤、味精、鸡精、山椒水，待汤汁出酸辣味时，打起鱼骨、酸菜放入窝中。锅内的汤汁烧沸，下鱼片，烧熟入味，将鱼片与汤汁装入先前放骨的汤窝中即可。

操作要领：

鱼肉片要切得大而薄，下锅煮制时间不宜太久。

营养特点

鱼有暖胃和中、平肝祛风等功能。

双椒淋汁鱼

主料：草鱼、红椒、青椒、豆豉、姜片、蒜末、葱花。

调料：

●鸡粉、盐、生抽、豆瓣酱、料酒、水淀粉、食用油各适量。

制作过程：

1. 洗好的红椒切成圈；青椒切开，再切成小块；处理干净的鱼肉用斜刀切成片，待用。
2. 将鱼片装入碗中，加入盐、鸡粉、料酒、水淀粉，搅匀上浆，注入少许食用油，腌渍约10分钟。
3. 锅中注入适量食用油，烧至三四成热，倒入鱼片，搅匀搅散，滑油约半分钟，至其断生，捞出，沥干，摆入盘中，撒上葱花。
4. 锅底留油，倒入豆豉、姜片、蒜末，爆香，加入豆瓣酱，倒入红椒、青椒，翻炒出香味；淋入生抽，加入鸡粉、盐，炒匀调味；注入少许清水，快速搅匀调成味汁，浇在鱼片上即可。

怪味带鱼

主料：带鱼、生菜。

调料：

●料酒、熟白芝麻、酱油、盐、白糖、辣椒粉、花椒粉各适量。

制作过程：

1. 带鱼洗净切段；生菜洗净铺盘。
2. 带鱼用盐、料酒腌渍，炸香捞出。
3. 锅中加水、白糖、酱油、盐、料酒煮至浓稠，放入带鱼、辣椒粉、花椒粉炒匀，撒上熟白芝麻。

操作要领：

带鱼收拾好，用盐腌一下，鱼肉口感紧实好吃。

厨房小知识

有污泥味的鱼，用凉浓盐水洗一洗，可除味。

水豆豉蒸鳜鱼

主料：鳜鱼、水豆豉。

调料：

●姜、葱、盐、酱油、姜葱汁、料酒、白糖、胡椒、鲜汤、葱花、色拉油、红小米辣各适量。

制作过程：

1. 鳜鱼宰杀后，入盆加盐、料酒、姜、葱、胡椒抹匀内外，码味 15 分钟；红小米辣切成节。
2. 鲜汤入碗，加水豆豉、盐、酱油、姜葱汁、胡椒、料酒、白糖调匀成味汁。
3. 鳜鱼入盘，淋上调好的味汁上笼蒸熟，取出后撒上葱花、红小米辣，用热油烫香即可。

操作要领：

此菜除了用鳜鱼制作外，其他鱼类均可用该法烹制。

营养特点

鳜鱼肉质细嫩，极易消化。

麻辣水煮花蛤

主料：

花蛤蜊、豆芽、黄瓜、芦笋、青椒、红椒、去皮竹笋。

调料：

●郫县豆瓣、鸡粉、生抽、料酒、食用油、辣椒粉、干辣椒、花椒、香菜、姜片、葱段、蒜片各适量。

制作过程：

1. 洗净的红椒、青椒切圈；洗净的竹笋、黄瓜切片；洗净的芦笋切段。
2. 用油起锅，倒入蒜片、姜片、花椒、干辣椒、郫县豆瓣、辣椒粉炒匀，加水烧开，加入花蛤蜊、鸡粉、生抽、料酒煮沸捞出装碗；竹笋、豆芽、黄瓜、芦笋煮好装碗，倒入青椒、红椒、汤汁，放上香菜、葱段、辣椒粉。
3. 用油起锅，倒入剩余的花椒、干辣椒稍煮，浇在花蛤蜊上，放上香菜叶即可。

操作要领：

买回来可把花蛤放入盐水里泡 2 ~ 3 小时，把沙子吐干净。

营养特点

花蛤肉味鲜美、营养丰富，蛋白质含量高，氨基酸的种类组成及配比合理。

双椒爆螺肉

主料：

田螺肉、青椒片、红椒片。

调料：

●盐、味精、料酒、水淀粉、辣椒油、芝麻油、食用油、胡椒粉、姜末、蒜蓉、葱末各适量。

制作过程：

1. 用食用油起锅，倒入葱末、姜末、葱末爆香，倒入田螺肉翻炒约 2 分钟至熟。
2. 放入青椒片、红椒片拌炒均匀。
3. 放入盐、味精炒匀，加入料酒调味。
4. 加入水淀粉勾芡，放入辣椒油、芝麻油，撒入胡椒粉拌炒均匀。
5. 将炒好的食材盛出即可。

操作要领：

田螺肉要多洗几遍，才能洗净泥沙。

营养特点

田螺肉含有丰富的维生素 A、蛋白质、铁和钙，对目赤、黄疸、脚气、痔疮等疾病有食疗作用。

厨房小知识

把田螺肉焯烫一下，既可除去一些异味，也能使炒的过程中出水。

麻香耗儿鱼

主料：耗儿鱼。

调料：

●泡青椒、泡姜、整花椒、精盐、味精、白糖、料酒、精炼油各适量。

制作过程：

1. 将耗儿鱼洗净，放入精盐、料酒码味，过油待用。
2. 锅内留油少许，加泡青椒、泡姜、整花椒炒出味，加水，熬味，下炸好的鱼收汁入味，放入精盐、味精、白糖调味，起锅即成。

操作要领：

炸鱼时不宜炸太干，收汁时间不宜过长，否则鱼会烂。

营养特点

耗儿鱼含蛋白质、脂肪、无机盐、维生素等营养素，有健脾胃、助消化的功效。

冷锅鱼

主料：草鱼肉、酸菜。

调料：

●野山椒、精盐、味精、白醋、精炼油、鲜汤、豆粉各适量。

制作过程：

1. 草鱼肉洗净，片成片，加调料码味上粉备用。
2. 小锅入油烧热，下酸菜、野山椒炒香，加鲜汤烧沸，下入鱼片，迅速端离火口，连锅上桌即可。

操作要领：

汤要烧沸，鱼片要上桌时才下，以保持鲜嫩。

营养特点

草鱼味甘、性温，具有温暖中焦、滋补脾胃的作用。

渝香鱼米粒

主料： 鲇鱼肉、洋葱、玉米粒、青椒、红椒。

调料：

●盐、料酒、水淀粉、花椒、鸡蛋清、食用油各适量。

制作过程：

1. 鱼肉洗净切粒，加盐、料酒、鸡蛋清、水淀粉腌渍上浆；青椒、红椒、洋葱均洗净切片。
2. 鱼肉炸至金黄色盛出。
3. 热油锅，放入花椒、洋葱、青椒、红椒、玉米粒、盐、鱼肉粒同炒至熟即可。

操作要领：

鱼肉要炸至金黄。

营养特点

鱼肉含有叶酸、维生素 B_2、维生素 B_{12} 等维生素，有滋补健胃、清热解毒、止嗽下气的功效。

川西钵钵鱼

主料： 鲈鱼肉。

调料：

●盐、味精、料酒、红油、淀粉、熟芝麻、香菜、食用油各适量。

制作过程：

1. 鱼肉洗净，切片，加少许料酒、盐、淀粉腌渍5分钟；香菜洗净，切段。
2. 油锅烧热，下鱼片滑熟，注入水烧开。
3. 调入盐、味精、料酒拌匀，淋入红油，撒上熟芝麻、香菜即可。

操作要领：

洗鱼的时候，要洗干净内脏，控干血水。

蜀香酸菜鱼

主料：

草鱼、粉丝、酸菜、红辣椒。

调料：

●盐、醋、葱段、蒜末、食用油各适量。

制作过程：

1. 草鱼洗净切块；酸菜洗净切段；粉丝泡软后沥干；红辣椒洗净去蒂。
2. 油锅烧热，下入酸菜、红辣椒炒香，加水煮开，下入鱼块、粉丝煮熟。
3. 加入盐、醋和葱段再次煮沸，最后放上蒜末即可。

操作要领：

先剖鱼肚，再刮鳞；酸菜一定要炒香，才出鲜味。

营养特点

鱼肉含有丰富的镁元素，对心血管系统有很好的保护作用，有利于预防高血压、心肌梗死等心血管疾病。

厨房小知识

烹制长时间放在冰箱里的鱼时，可适当在汤中放些鲜奶，增加鱼鲜味。

凉粉鲫鱼

主料：
鲫鱼、凉粉。

调料：
●盐、葱段、姜丝、香油、红油、葱花、生抽、食用油各适量。

制作过程：
1.鲫鱼洗净，用盐、生抽腌渍；凉粉洗净切条，焯水。
2.在鱼肚中塞入葱段、姜丝，装盘，上面放上凉粉，蒸熟。
3.油锅烧热，入香油、红油、盐调匀，淋在凉粉鲫鱼上，撒上葱花即可。

操作要领：
蒸鱼的水不要，有腥味。

营养特点
鱼肉中富含维生素A、铁、钙、磷等，常吃鱼有养肝补血、泽肤养发的功效。

东坡脆皮鱼

主料： 鲤鱼。

调料：

●香菜、姜丝、葱丝、料酒、胡椒粉、盐、淀粉、白糖、番茄酱各适量。

制作过程：

1. 鲤鱼洗净，两面打花刀；香菜洗净切段。
2. 鲤鱼用葱丝、姜丝、盐、料酒、胡椒粉腌渍，拣除葱、姜，用水淀粉挂糊，拍上干淀粉，炸至表皮酥脆装盘。
3. 白糖和番茄酱炒匀，淋在鱼上，撒上香菜即可。

操作要领：

煎鱼的时候，做一个面粉鸡蛋糊，先把码好味的鱼放在面粉中粘一遍，然后薄薄地挂一层蛋液，煎出来的鱼，形体非常漂亮。

厨房小知识

煎鱼防粘锅：可在烧热的锅里放油后再撒些盐，也可净锅后用生姜把锅擦一遍。

雪菜蒸鳕鱼

主料： 鳕鱼、雪菜。

调料：

●盐、黄酒、雪汁、葱、姜、味精各适量。

制作过程：

1. 鳕鱼洗净，切成大块；雪菜洗净切末。
2. 将切好的鱼放入盘中，加入雪菜、盐、味精、黄酒、葱、姜、雪汁，拌匀稍腌入味。
3. 将备好的鳕鱼块放入蒸锅内，蒸10分钟至熟即可。

操作要领：

洗干净之后在鱼身上划上几刀，提前用盐、料酒、葱、姜腌一腌，让鱼肉入味。

厨房小知识

蒸鱼因为时间短，所以调料多放一些，味道厚重一点，能够很好地覆盖鱼腥味。

Part 5

麻辣鲜香　百菜百味

招牌川味风味菜之

热菜·素菜篇

椒油笋丁

主料：
莴笋、红椒、花椒。

调料：
●生抽、鸡粉、豆瓣酱、水淀粉、盐、食用油各适量。

制作过程：
1. 去皮的莴笋切厚片，切成长条，再切成丁；红椒去籽，再切成条，改切成丁。
2. 热水锅，放入少许盐、食用油，倒入切好的莴笋、红椒，搅匀，煮约 1 分钟至其断生，捞出，待用。
3. 起油锅，倒入备好的花椒，炒出香味；倒入焯过水的莴笋和红椒，翻炒均匀，淋入适量生抽，加入盐、鸡粉、豆瓣酱，炒匀调味；倒入适量水淀粉，翻炒均匀，盛出，装盘即可。

操作要领：
切好的莴笋丁和红椒丁分别用少许盐腌渍片刻，可使口感更爽脆可口。

营养特点

莴笋含有矿物质、维生素、微量元素，有刺激消化液分泌、促进胃肠蠕动等功效。莴笋的糖和脂肪含量低，其所含的烟酸是胰岛素激活剂，适合糖尿病患者食用。

厨房小知识

花椒的用量随个人口味而改变。

酱爆藕丁

主料：

莲藕丁、熟豌豆、熟花生米、葱段、干辣椒。

调料：

●盐、鸡粉、食用油、甜面酱各适量。

制作过程：

1.热水锅，倒入莲藕丁，拌匀，煮约1分钟，至其断生后捞出，沥干，待用。

2.起油锅，撒上葱段、干辣椒，爆香，倒入藕丁，炒匀，注入少许清水，放入甜面酱，炒匀，加入少许白糖、鸡粉，用大火翻炒一会儿，至食材入味，盛出，装盘，撒上熟豌豆、熟花生米即可。

操作要领：

豌豆可用油炸熟，能给菜肴增添风味。

营养特点

莲藕含有蛋白质、纤维素、维生素 B_6、维生素 B_{12}、维生素 D、钙、铁、磷、钾、锌等营养成分，具有补血、开胃、解渴等功效。

厨房小知识

制作此菜时，甜面酱的用量宜多些。

椒麻四季豆

主料：四季豆、红椒、花椒、干辣椒、葱段、蒜末。

调料：

● 盐、鸡粉、生抽、料酒、豆瓣酱、食用油各适量。

制作过程：

1. 四季豆去除头尾，切小段；红椒去籽，切小块。
2. 热水锅，加入少许盐、食用油，倒入四季豆，焯煮约 3 分钟，至其熟软，捞出，沥干水分，待用。
3. 起油锅，倒入花椒、干辣椒、葱段、姜末，爆香，放入红椒，倒入四季豆，炒匀；加入适量盐、料酒、鸡粉、生抽、豆瓣酱，炒匀调味；倒入少许水淀粉，翻炒均匀，至食材入味，盛出，装盘即可。

营养特点

四季豆含有蛋白质、维生素 C、不饱和脂肪酸，能益气健脾、利水消肿、清热、增强免疫力、防癌抗癌。

双椒蒸豆腐

主料：豆腐、剁椒、小米椒、葱。

调料：

●蒸鱼豉油适量。

制作过程：

1. 将洗净的豆腐切片，取一蒸盘，放入豆腐片，摆好；撒上剁椒和小米椒，封上保鲜膜，待用。
2. 备好电蒸锅，烧开水后放入蒸盘；盖上盖，蒸约 10 分钟，至食材熟透；断电后揭盖，取出蒸盘，去除保鲜膜；趁热淋上蒸鱼豉油，撒上葱花即可。

操作要领：

豆腐最好切得薄一些，更易蒸入味。

营养特点

豆腐含有蛋白质、蛋黄素、维生素 B_1 和矿物质等，具有益气和中、生津润燥、清热解毒等功效。

小炒刀豆

主料： 刀豆、胡萝卜、蒜末。

调料：

●鸡粉、白糖、豆瓣酱、水淀粉、食用油各适量。

制作过程：

1. 将去皮洗净的胡萝卜切段，再切菱形片；刀豆斜刀切段。

2. 起油锅，撒上备好的蒜末，爆香；放入豆瓣酱，炒出香辣味，倒入刀豆和胡萝卜，炒匀炒透；注入少许清水，翻炒至食材熟软；加入少许鸡粉、白糖，淋上适量水淀粉，炒匀，至食材入味，盛出，装盘即可。

操作要领：

炒豆瓣酱宜选用小火，以免炒煳了，影响菜肴的味道。

营养特点

胡萝卜含有蔗糖、葡萄糖、淀粉、胡萝卜素及钾、钙、磷等，能保护视力、强心、抗炎、抗过敏。

油爆元蘑

主料： 水发元蘑、水发茶树菇、蒜头、干辣椒、葱花。

调料：

●盐、鸡粉、老抽、蚝油、生抽、水淀粉、食用油各适量。

制作过程：

1. 将洗好的茶树菇切段；元蘑切除根部，撕成粗丝。

2. 热水锅，放入切好的茶树菇、元蘑，搅散，焯煮约 1 分 30 秒，捞出，沥干，待用。

3. 起油锅，倒入蒜头，爆香，撒上干辣椒，炒匀炒香；放入菌菇，炒匀炒香，加入生抽、老抽、蚝油，炒匀，注入适量清水，搅散；盖上盖，烧开后转小火焖约 8 分钟，至食材熟透；揭盖，加入盐、鸡粉，炒匀调味；再用水淀粉勾芡，撒上葱花，炒出香味，盛出，装盘即可。

操作要领：

元蘑用温水浸泡，能缩短泡发的时间。

吉祥猴菇

主料：

水发猴头菇、青椒、红椒、芹菜、干辣椒。

调料：

●盐、鸡粉、胡椒粉、料酒、生抽、生粉、水淀粉、食用油各适量。

制作过程：

1. 猴头菇撕片；芹菜切长段；红椒、青椒去籽，切片。
2. 热水锅，放入猴头菇片，拌匀，煮约 1 分 30 秒，捞出，放入清水中，清洗一下，捞出，挤干，待用。
3. 取一个碗，放入猴头菇，加入少许盐、生抽、料酒，撒上适量胡椒粉，快速搅拌一会儿，腌渍约 10 分钟，加入适量生粉，裹匀，待用。
4. 倒热锅注油，烧至五六成热，放入猴头菇，搅匀，用小火炸约 2 分钟，捞出，沥干油，待用。
5. 起油锅，放入干辣椒，爆香，倒入青椒片、红椒片、芹菜段，炒匀，再注入少许清水，略煮；加入少许盐、鸡粉、生抽，炒匀调味；倒入炸过的猴头菇炒匀，倒入适量水淀粉，炒至食材入味，盛出，装盘即可。

操作要领：

腌渍猴头菇的时间长些会更入味。

营养特点

猴头菇含有蛋白质、纤维素、维生素 C、维生素 E、烟酸、铜、锰等营养成分，具有增进食欲、增强免疫力、补脾益气等功效。

厨房小知识

腌渍食材前，可将食材处理成小块或小片会更有利于酱料渗入。

铁板花菜

主料：

花菜、红椒、香菜、蒜末、干辣椒、葱段。

调料：

●盐、鸡粉、料酒、生抽、辣椒酱、食用油各适量。

制作过程：

1. 红椒、香菜切小段，花菜切小朵。
2. 热水锅，加入少许盐、食用油，倒入花菜，拌匀，焯煮约 1 分钟，至其断生，捞出，装盘，待用。
3. 起油锅，倒入蒜末、干辣椒、葱段爆香，放入红椒、花菜，翻炒匀；倒入少许清水，翻炒匀，略煮一会儿，至食材熟透；倒入适量水淀粉，翻炒均匀至食材入味，关火待用。
4. 取预热的铁板，盛入锅中的食材，放上香菜即可。

操作要领：

花菜焯水后应过几次凉开水，待沥干后再用，以保持其清脆的口感。

营养特点

花菜含有蛋白质、碳水化合物及多种维生素、矿物质，具有防癌抗癌、软化血管、保肝护肾、瘦身排毒、增强免疫力等功效。

厨房小知识

使用铁板装菜时，需先预热以节约时间，保持菜色。

葱油菜心

主料： 菜心、红椒、姜丝、葱段、干辣椒。

调料：

●盐、食用油、蒸鱼豉油各适量。

制作过程：

1. 将红椒去籽，切细丝；菜心切除根部，去除老叶。
2. 热水锅，加入少许食用油、盐，倒入切好的菜心，搅散，焯煮约 1 分 30 秒，至食材断生后捞出，沥干，装盘，待用。
3. 起油锅，放入干辣椒，撒上葱段、姜丝，爆香，倒入红椒丝，炒匀炒透，盛出，放在菜心上面，食用时淋上蒸鱼豉油即可。

操作要领：

菜心的焯煮时间不宜太长，以免味道变差、口感偏老。

雪菜烧豆腐

主料： 雪菜、嫩白豆腐、枸杞。

调料：

●生姜、色拉油、盐、味精、白糖、湿生粉、熟鸡油各适量。

制作过程：

1. 雪菜切碎洗净，嫩白豆腐切成小块，枸杞泡透，生姜去皮切米。
2. 锅内加水，待水开时，投入雪菜，烫熟捞起，用凉水冲透，抓干水分。
3. 另烧锅下油，放入姜米，注入清汤，下白豆腐块，用中火烧开，下入雪菜、枸杞，调入盐、味精、白糖烧透，然后用湿生粉勾芡，淋入熟鸡油，出锅入碟即成。

操作要领：

雪菜一定要先烫过，去除其苦味。

鱼香豆腐

主料：豆腐。

调料：

●葱花、泡姜、泡辣椒、姜蒜米、郫县豆瓣、精盐、味精、料酒、醋、白糖、精炼油各适量。

制作过程：

1. 豆腐切成片，入六成油锅中炸至金黄色时捞出。
2. 锅留底油，放入豆瓣、姜蒜米、泡姜、泡辣椒炒香出味，下豆腐、鲜汤、盐、味精、料酒、醋、糖烧熟入味，勾芡，撒葱花即成。

操作要领：

豆腐片大小厚薄宜一致；锅下豆瓣、姜蒜米等要用小火炒香。

营养特点

此菜富含营养成分，有健脾开胃、生津润燥等食疗作用。

香麻藕片

主料：莲藕、彩椒、花椒、姜丝、葱丝。

调料：

●盐、鸡粉、白醋、食用油各适量。

制作过程：

1. 彩椒切开，再切细丝；去皮的莲藕切薄片，备用。
2. 热水锅，倒入藕片，拌匀，用中火煮约 2 分钟，至断生，捞出，沥干，装盘，待用。
3. 起油锅，放入备好的花椒，炸出香味，撒上姜丝，炒匀，淋入适量白醋，加入少许盐、鸡粉，拌匀，用大火略煮，放入彩椒丝，拌匀，撒上葱丝，拌匀，煮至食材断生，制成味汁，浇在藕片上即可。

操作要领：

焯煮藕片时可以淋入少许白醋，这样能减轻其涩味。

红汤石磨豆腐

主料：

石磨豆腐、红椒各适量。

调料：

●盐、鸡精、红油、食用油各适量，葱段少许。

制作过程：

1. 石磨豆腐洗净，切块；红椒洗净，切斜段。
2. 油锅烧热，放入红椒、葱段煸香，加入适量清水烧开，下石磨豆腐煮熟。
3. 调入盐、鸡精、红油拌匀，起锅即可。

操作要领：

豆腐要煮出细小的孔来。

营养特点

豆腐及豆制品的蛋白质含量丰富，而且豆腐蛋白属完全蛋白，不仅含有人体必需的8种氨基酸，而且比例也接近人体需要，营养价值较高。

厨房小知识

吃豆腐对治疗老年人便秘有好处，老年人因为年龄的关系，消化系统不好，经常会出现便秘，而豆腐是软食，容易消化。

酸菜老豆腐

主料：

老豆腐、酸菜、青椒、红椒。

调料：

●盐、味精、酱油、色拉油各适量。

制作过程：

1. 老豆腐洗净，切条；酸菜洗净切碎；青椒、红椒洗净切圈。
2. 锅中注油烧热，放入老豆腐煎黄，放入酸菜、青椒、红椒炒匀。
3. 炒熟后，加水焖干，加盐、味精、酱油调味，起锅即可。

操作要领：

喜欢吃老点的豆腐的，可以多焖一会，至豆腐出孔时就好。

营养特点

豆腐内含植物雌激素，能保护血管内皮细胞不被氧化破坏，常食可减轻血管系统的破坏，预防骨质疏松、乳腺癌和前列腺癌的发生，是更年期妇女的保护神。

农家煎豆腐

主料：豆腐、蒜苗。

调料：

●盐、鸡精、水淀粉、酱油、鲜汤、香油、食用油各适量。

制作过程：

1. 豆腐洗净切块；蒜苗洗净切段。
2. 锅注油烧热，下豆腐煎黄，捞出。
3. 锅底留油，放入蒜苗炒香，再加入煎过的豆腐同炒后注入少许鲜汤烧一会，入盐、鸡精、酱油调味，用水淀粉勾芡，淋上香油即可。

操作要领：

豆腐要煎至两边金黄。

厨房小知识

老年人不宜大量食用豆腐，摄入过多的植物性蛋白质，会加重肾脏的负担，使肾功能进一步衰退。

泡菜豆腐

主料：豆腐、泡菜。

调料：

●盐、辣椒粉、料酒、红油、味精、香油、葱花、食用油各适量。

制作过程：

1. 豆腐洗净，焯水后捞出，切块，放入碗中。
2. 油锅烧热，入辣椒粉、泡菜炒片刻，加入适量清水烧开。
3. 调入盐、味精、料酒、红油、香油拌匀，起锅淋在豆腐上，撒上葱花即可。

操作要领：

豆腐需先焯水。

厨房小知识

吃发酵后的豆腐能预防大脑老化。

酸菜米豆腐

主料： 酸菜、米豆腐、红椒。

调料：

●盐、味精、料酒、红油、水淀粉、高汤、葱花、食用油各适量。

制作过程：

1. 酸菜洗净切碎；米豆腐洗净切块；红椒洗净切末。
2. 油锅烧热，入酸菜、红椒末炒香，加高汤烧开。
3. 放米豆腐煮20分钟，调入盐、味精、料酒、红油拌匀，以水淀粉勾芡，撒上葱花。

操作要领：

酸菜一定要先煸炒干水分，这样炖出来的酸味才不会有馊的味道。

厨房小知识

酸菜只能偶尔食用，如果长期贪食，则可能引起泌尿系统结石。

水煮豆皮串

主料： 豆腐皮。

调料：

●盐、味精、红油、干辣椒、葱白丝、香菜、食用油各适量。

制作过程：

1. 豆腐皮洗净卷好，用竹签串好；干辣椒洗净切丝；香菜洗净切段。
2. 油锅烧热，入干辣椒炒香，注水烧开。
3. 放入豆皮串煮熟，调入盐、味精、红油拌匀，入葱白丝、香菜拌均。

操作要领：

豆皮入放了料酒的滚水里锅里略煮，去豆腥味，捞出备用。

宫保豆腐

主料：

豆腐、黄瓜、红椒、酸笋、胡萝卜、水发花生。

调料：

●盐、鸡粉、豆瓣酱、生抽、辣椒油、陈醋、水淀粉、食用油各适量，姜片、蒜末、葱段、干辣椒各少许。

操作要领：

这道菜最好选用北豆腐，也就是老豆腐，可以更好地吸收调味汁的香味，并且炸起来容易定型。

制作过程：

1. 洗净的黄瓜、酸笋均切丁；洗好去皮的胡萝卜切丁；洗好的红椒去籽，切丁；洗净的豆腐切成小方块。
2. 沸水锅中放入盐、豆腐块，煮 1 分钟，将煮好的豆腐捞出，沥干水分。
3. 再将酸笋、胡萝卜倒入沸水中，煮 1 分钟至断生，捞出焯好的食材，沥干水分。
4. 把备好的花生米倒入沸水锅中，煮半分钟，捞出，沥干水分。
5. 热锅注油，烧至四成热，倒入花生米，搅散，滑油至微黄色，捞出，沥干油。
6. 锅底留油，倒入干辣椒、姜片、蒜末、葱段，爆香，倒入红椒、黄瓜，炒匀。
7. 放入焯过水的酸笋、胡萝卜，炒匀，放入豆腐块，加入适量豆瓣酱、生抽。
8. 放入鸡粉、盐，淋入辣椒油、陈醋炒匀。
9. 倒入花生米，淋入水淀粉，翻炒均匀。
10. 关火后盛出炒好的食材，装入盘中即可。

风味柴火豆腐

主料：

豆腐、五花肉、朝天椒。

调料：

●香辣豆豉酱、蒜末、葱段各少许，盐、鸡粉、生抽、食用油各适量。

制作过程：

1. 将洗净的朝天椒切圈；洗好的五花肉切薄片；洗净的豆腐切长方块。
2. 用油起锅，放入豆腐块，煎出香味，撒上少许盐，煎至两面焦黄，盛出，待用。
3. 另起锅，注油烧热，放入肉片，炒至转色，放入蒜末、朝天椒圈、香辣豆豉酱，淋上生抽，放入清水、豆腐块，拌匀。
4. 大火煮沸，加入少许盐、鸡粉，拌匀，转中小火煮至食材熟透，倒入葱段，大火炒出葱香味，盛出菜肴，装在盘中即成。

操作要领：

煎豆腐时加入点盐，不仅能防止油溅，而且能更好入味。

营养特点

豆腐对更年期、病后调养、肥胖、皮肤粗糙很有好处，脑力工作者、经常加夜班者也非常适合食用。

厨房小知识

豆腐虽好，也不宜天天吃，一次食用也不要过量。老年人和肾病、缺铁性贫血、痛风病、动脉硬化患者更要控制食用量。

香辣铁板豆腐

主料：豆腐。

调料：

●辣椒粉、蒜末、葱花、葱段、盐、鸡粉、豆瓣酱、生抽、水淀粉、食用油各适量。

制作过程：

1. 洗好的豆腐切厚片，再切条，最后改切成小方块。
2. 热锅注油，烧至六成热，倒入切好的豆腐，炸至金黄色。
3. 捞出炸好的豆腐，沥干油，备用。
4. 锅底留油，倒入辣椒粉、蒜末，爆香。
5. 放入豆瓣酱，倒入适量清水，翻炒匀，煮至沸。
6. 加入生抽、鸡粉、盐，放入炸好的豆腐。
7. 翻炒均匀，煮沸后再煮 1 分钟。
8. 倒入水淀粉，翻炒片刻，至食材入味。
9. 取烧热的铁板，淋入少许食用油，摆上葱段。
10. 盛出炒好的豆腐，装入铁板上，撒上葱花即可。

荷包豆腐

主料：长方豆腐块、肉末、香肠粒。

调料：

●盐、鸡粉、花椒粉、胡椒粉各少许，豆瓣酱、辣椒酱、料酒、生抽、水淀粉、花椒油、食用油、葱花各适量。

制作过程：

1. 肉末入碗，倒入香肠粒，撒上花椒粉、胡椒粉，加入适量盐、鸡粉、生抽、花椒油拌匀，至肉末起劲，再腌渍入味，即成馅料；热锅注油，放入豆腐块，轻轻搅拌匀，用小火炸至其呈金黄色，捞出。
2. 豆腐块用小刀掏出的中间部分，放入馅料酿好、压实，制成荷包豆腐坯；用油起锅，入荷包豆腐坯，中小火煎至馅料断生，淋上料酒调味，注入清水。
3. 再加入适量生抽、豆瓣酱、辣椒酱、盐、鸡粉调味，用小火焖煮至入味，盛出豆腐块，装入盘中。
4. 将锅中的汤汁烧热，用水淀粉勾芡，制成味汁，浇在豆腐块上，撒上葱花即成。

酱烧魔芋豆腐

主料： 魔芋豆腐、葱段、蒜片、姜片。

调料：

●甜面酱、盐、鸡粉、生抽、水淀粉、食用油各适量。

制作过程：

1. 将洗净的魔芋豆腐切开，再切小方块。
2. 热水锅，加入少许盐，用大火略煮，倒入魔芋豆腐，轻轻搅动几下，煮约 1 分钟，捞出，沥干，待用。
3. 起油锅，倒入魔芋豆腐，炒匀，至表皮呈蜂窝状；撒上姜片、蒜片，炒出香味，淋上少许生抽，倒入甜面酱，炒匀炒透，注入适量清水，加入少许盐；盖上盖，转中小火煮约 6 分钟，至食材熟透；揭盖，加入少许鸡粉，撒上葱段，炒出葱香味；用水淀粉勾芡，盛出，装盘即可。

操作要领：

魔芋豆腐焯煮的时间不宜太长，以免丢失了其原有的特殊风味。

干煸藕条

主料： 莲藕、玉米淀粉、葱丝、红椒丝、干辣椒、花椒、白芝麻、姜片、蒜头。

调料：

●盐、鸡粉、食用油各适量。

制作过程：

1. 将莲藕切条，取玉米淀粉，滚在藕条上，腌渍一小会，待用。
2. 热锅注油，烧至四成热，放入藕条，拌匀，用中小火炸约 2 分钟，至食材呈金黄色，捞出，沥干油，待用。
3. 起油锅，倒入备好的干辣椒、花椒，放入姜片、蒜头，爆香，倒入炸好的藕条，炒匀，加入少许盐、鸡粉，炒匀调味，盛出，装盘，撒上熟白芝麻，点缀上葱丝、红椒丝即可。

川味豆皮丝

主料：

豆腐皮、瘦肉、水发木耳、香菜、姜丝。

调料：

●盐、鸡粉、白糖、豆瓣酱、陈醋、辣椒油、食用油各适量。

制作过程：

1. 将洗净的豆腐皮卷起，切成丝；木耳切丝；瘦肉切薄片，改切丝。

2. 热锅注油，倒入姜丝，爆香，放入豆瓣酱，炒匀；注入适量清水，倒入肉丝，拌匀；放入豆皮丝、木耳丝，拌匀；加入盐、鸡粉、白糖、陈醋，拌匀；加盖，用小火焖2分钟至熟软入味；揭盖，淋入辣椒油，拌匀，盛出，装盘，放上香菜点缀即可。

操作要领：

口味偏好麻辣的话，可加入花椒及干辣椒爆香。

营养特点

豆腐皮含有蛋白质、氨基酸、铁、钙、钼、纤维素等成分，具有健脾开胃、延缓衰老、美白护肤等功效。豆腐皮是汉族传统豆制品，在中国南方和北方地区有多种著名小吃，如豆腐皮包子、豆腐皮春卷、炸响铃、素烧鸭等。

厨房小知识

选择较完整的豆腐皮会使烹调后的菜色更美观。

干烧茶树菇

主料：

干茶树菇、腊肉、青红椒丝、洋葱丝。

调料：

●精盐、味精、鸡精、蚝油、鲜汤、精炼油各适量。

制作过程：

1. 干茶树菇用温水泡发，腊肉切成丝。

2. 锅中加入精炼油烧热，下入腊肉炒香，加青红椒丝、洋葱丝同炒一下，再加进茶树菇、蚝油、精盐及少许鲜汤烧熟，调入味精、鸡精，起锅装盘即可。

操作要领：

茶树菇一定要用温水泡软，洗去泥沙。

营养特点

茶树菇味道鲜美，不仅可以用来做烹制主菜，还可以做配菜来调味，具有滋阴壮阳、美容保健等多种功效。

厨房小知识

食用茶树菇的时候一定要注意煮熟，多翻炒一下。此外，茶树菇虽好，但不宜天天食用。

醋熘黄瓜

主料：黄瓜、彩椒、青椒、蒜末。

调料：

●盐、白糖、白醋、水淀粉、食用油各适量。

制作过程：

1. 彩椒、青椒去籽，切小块；去皮的黄瓜去籽，用斜刀切成小块，备用。

2. 起油锅，放入蒜末，爆香，倒入切好的黄瓜，加入青椒块、彩椒块，翻炒至熟软；放入盐、白糖、白醋，炒匀调味；淋入适量水淀粉，快速翻炒均匀，盛出，装盘即可。

操作要领：

黄瓜不宜炒制过久，以免破坏其所含的维生素。

油泼茄子

主料：茄子、小米椒、蒜末、葱花。

调料：

●豆粉、精盐、味精、鸡精盐、白糖、鸡粉、生抽、陈醋、食用油各适量。

制作过程：

1. 将去皮的茄子切细条，小米椒切圈，备用。

2. 热锅注油，烧至三四成热，倒入茄条，轻轻搅拌匀，炸约 1 分钟，至其熟软后捞出，沥干，装盘，待用。

3. 锅底留油烧热，放入蒜末，用大火爆香，放入切好的小米椒，注入少许清水，淋入适量生抽，再加入少许盐、鸡粉、白糖、陈醋，快速搅拌匀，浇在茄子上，撒上葱花即可。

营养特点

茄子含有蛋白质、碳水化合物、维生素以及多种矿物质，有防止出血和抗衰老的作用。

干锅花菜

主料： 花菜、平菇、青红尖椒。

调料：

●豆瓣酱、老干妈豆豉酱、干辣椒段、花椒粒、姜片、蒜片、葱段、酱油、盐、鸡精、白糖、精炼油各适量。

制作过程：

1. 花菜掰成小朵，平菇用手撕成条，均用清水洗净后放入沸水中焯水；青红尖椒切成节；姜蒜切片；葱切小段。

2. 炒锅放油烧热，下干辣椒段、花椒粒、姜蒜片炒香，再放入豆瓣酱、豆豉酱、葱段翻炒出香味时，倒入菜花、平菇、青红尖椒炒熟透，烹入酱油、盐、鸡精、白糖炒匀，起锅装入干锅即可。

操作要领：

花菜氽制时间不宜过久，防止花菜过熟变散。

干锅土豆片

主料： 土豆、猪腿肉、蒜苗。

调料：

●豆瓣酱、豆豉、盐、酱油、料酒、味精、鲜汤、水淀粉、色拉油各适量。

制作过程：

1. 猪腿肉与土豆分别切成片；蒜苗切段。

2. 炒锅上火，烧油至六成热，下入土豆片炸干表面水汽打起。

3.锅内留油烧热，投入肉片炒干水汽，下豆瓣酱、豆豉、料酒炒香，放入土豆片，掺入适量鲜汤，调入盐、酱油烧制。最后下味精、蒜苗，用水淀粉勾芡，起锅装入盛器中即可。

操作要领：

该菜亦可以不掺汤烧，直接炒制成菜。

板栗娃娃菜

主料：

娃娃菜、板栗、红椒。

调料：

●盐、葱花、鸡汤各适量。

制作过程：

1. 娃娃菜洗净；红椒洗净，切丁；板栗放水中煮熟，去壳取仁。
2. 热锅上油，下入红椒丁略炒，放入鸡汤烧开，下入娃娃菜煮软，调入适量盐，放入板栗仁，撒上葱花即可。

操作要领：

煮的过程中不能用勺子来回搅动，要使娃娃菜始终保持入锅时的完整形状。

营养特点

娃娃菜富含胡萝卜素、B 族维生素、维生素 C、钙、磷、铁等。娃娃菜中的微量元素锌的含量不但在蔬菜中名列前茅，就连肉蛋也比不过它。

鲜笋炒酸菜

主料：
鲜笋、酸菜、红椒。

调料：
●盐、味精、酱油、葱花、食用油各适量。

制作过程：
1. 鲜笋洗净，切丁；红椒洗净，切圈；酸菜洗净，切碎。
2. 油锅烧热，下红椒炒香，放入鲜笋、酸菜炒熟。
3. 加入盐、味精、酱油调味，出锅装盘，最后撒上葱花即可。

操作要领：
酸菜用老芥菜做得比较爽口。

营养特点
竹笋味甘、性微寒、无毒，具有清热消痰、利膈爽胃、消渴益气等养生功效；酸菜开胃健脾。二者合烹，更有开胃清痢、去热益气功效。

豉香山药条

主料： 山药、豆豉、青椒、红椒。

调料：

●盐、鸡粉、郫县豆瓣、白醋、食用油、蒜末、葱段各适量。

制作过程：

1. 洗净的红椒、青椒切粒；山药洗净，去皮，切条；锅中注入水烧开，放入白醋、盐、山药条煮约 1 分钟捞出。
2. 用食用油起锅，倒入豆豉、葱段、蒜末爆香，放入红椒粒、青椒粒炒匀，倒入适量郫县豆瓣翻炒匀，放入焯过水的山药条，快速翻炒均匀。
3. 加入少许盐、鸡粉翻炒至食材入味。
4. 关火后盛出，装入盘中即可。

操作要领：

山药遇到空气会氧化变黑，因此切好后要立刻炒制。

麻婆山药

主料： 山药、红尖椒、猪肉末。

调料：

●郫县豆瓣、鸡粉、料酒、水淀粉、花椒油、食用油、姜片、蒜末各适量。

制作过程：

1. 红尖椒切段；山药去皮洗净，切滚刀块。
2. 用油起锅，倒入猪肉末炒匀，撒上姜片、蒜末，炒出香味，加入适量郫县豆瓣，炒匀。
3. 倒入切好的红尖椒，放入山药块，炒匀炒透，淋入少许料酒，翻炒一会儿，注入适量清水。
4. 大火煮沸，淋上适量花椒油，加入少许鸡粉，拌匀，转中火煮约5分钟，至食材熟软，最后用水淀粉勾芡，至材料入味，盛出即可。

操作要领：

山药去皮切滚刀块后，应浸泡在水中备用。

麻辣素香锅

主料：莲藕、山药、青笋、红椒、黑木耳。

调料：

●盐、味精、花椒油、红油、葱段、生抽、食用油各适量。

制作过程：

1. 莲藕去皮切片；山药、青笋去皮切条；红椒洗净；黑木耳泡发撕块。
2. 油锅烧热，放入葱段、主料炒熟。
3. 加盐、味精、生抽、花椒油、红油炒入味，装盘即可。

操作要领：

藕片在清水里泡一下，多过几遍水，洗出里面的粉质。

营养特点

莲藕含有大量的单宁酸，有收缩血管作用，可用来止血。莲藕还能凉血、散血，中医认为其止血而不留瘀，是热病血症的食疗佳品。

干煸四季豆

主料：四季豆。

调料：

●干辣椒、蒜末、葱白、盐、生抽、豆瓣酱、味精、料酒、食用油各适量。

制作过程：

1. 四季豆洗净切段。
2. 热锅注油，烧至四成热，倒入四季豆，滑油片刻捞出。
3. 锅底留油，倒入蒜末、葱白，再放入洗好的干辣椒爆香。
4. 倒入滑油后的四季豆，加盐、味精、生抽、豆瓣酱、料酒，翻炒入味，盛出装盘即可。

操作要领：

四季豆入油锅滑油宜用小火，使其充分熟透。

麻酱冬瓜

主料：

冬瓜、红椒。

调料：

●盐、鸡粉、料酒、芝麻酱、食用油、葱条、姜片各适量。

制作过程：

1. 冬瓜切块；部分姜片切末；红椒切粒；部分葱条切葱花。
2. 用食用油起锅，倒入冬瓜块，滑油片刻后捞出。
3. 锅留底油，倒入葱条、姜片。
4. 加入料酒、清水、鸡粉、盐，放入冬瓜煮沸捞出。
5. 冬瓜块放入蒸锅，大火蒸约 2 ~ 3 分钟至熟软。
6. 揭盖，取出蒸软的冬瓜块。
7. 热油炒香红椒粒、姜末、葱花，放入冬瓜炒匀。
8. 倒入芝麻酱炒匀盛盘，撒上适量葱花即可。

操作要领：

冬瓜片尽可能切薄、切均匀。

营养特点

冬瓜含维生素 C 较多，且钾含量高，钠含量较低，高血压、肾脏病、浮肿病等患者食之，可起到消肿而不伤正气的作用。

厨房小知识

将冬瓜去籽去皮后，切成手掌大的块，再把每一块横、竖各切三刀，底部不要切断，用淘米水浸泡 24 小时，再换成冷水加少许盐继续浸泡。这样能储存 2 ~ 3 天没问题，并且泡出来的冬瓜会有一点酸的味道，非常爽口。

川味烧萝卜

主料：

白萝卜、红椒。

调料：

●盐、鸡粉、郫县豆瓣、生抽、水淀粉、食用油、白芝麻、干辣椒、花椒、蒜末、葱段各适量。

制作过程：

1. 白萝卜洗净，去皮，切条；洗好的红椒斜切成圈。
2. 用食用油起锅，加入花椒、干辣椒、蒜末、白萝卜、红椒圈炒匀。
3. 加入郫县豆瓣、生抽、盐、鸡粉、水拌匀，烧开后用小火煮 10 分钟。
4. 倒入水淀粉，放入葱段炒香，盛出撒上白芝麻即可。

操作要领：

萝卜条应切得粗细一致，这样煮好的白萝卜口感更均匀。

营养特点

白萝卜含有维生素 C、芥子油等营养成分，具有清热生津、助消化等功效。

家常豆豉烧豆腐

主料： 豆腐、豆豉、蒜末、葱花、彩椒。

调料：

●盐、生抽、鸡粉、辣椒酱、食用油各适量。

制作过程：

1. 彩椒切粗丝，再切成小丁；豆腐切成条，改切成小方块。
2. 热水锅，加少许盐，倒入豆腐块，拌匀，焯煮约 1 分钟，捞出，沥干，待用。
3. 起油锅，倒入豆豉、蒜末，爆香，放入彩椒丁，炒匀；倒入豆腐块，注入适量清水，轻轻拌匀；加入少许盐、生抽、鸡粉、辣椒酱，拌匀调味；倒入适量水淀粉，轻轻拌匀，至汤汁收浓，盛出，装盘，撒上葱花即可。

操作要领：

焯过水的豆腐可以再过一次凉开水，这样可以使其口感更佳。

宫保茄丁

主料： 茄子、花生米。

调料：

●盐、味精、郫县豆瓣、料酒、生粉、水淀粉、食用油、干辣椒、大葱、姜片、蒜末各适量。

制作过程：

1. 茄子洗净去皮，切成丁；大葱洗净，切成丁。
2. 锅中加入水烧开，放入洗好的花生米、盐，煮熟捞出。
3. 花生米炸熟捞出；茄丁裹上生粉，炸至金黄色捞出。
4. 锅底留油，爆香姜片、蒜末、大葱丁和洗好的干辣椒。
5. 倒入茄丁，加入盐、味精、郫县豆瓣和料酒炒匀。
6. 加入水，倒入水淀粉勾芡，放入花生米炒匀即成。

Part 6

温温暖暖　鲜美甘润

招牌川味风味菜之

汤菜

豆芽肉片汤

主料：

猪肉、豆芽。

调料：

●盐、味精、胡椒粉、香菜、食用油各适量。

制作过程：

1. 猪肉洗净，沥干水分，切片；豆芽洗净，沥干水分；香菜洗净，沥干水分，切碎。
2. 油锅烧热，注入适量清水烧开，放入肉片煮片刻，再入豆芽同煮至熟。
3. 调入盐、味精、胡椒粉拌匀，撒上香菜即可。

操作要领：

肉片汤里的蔬菜可根据时令选择。

营养特点

绿豆芽所含的热量很低，却含有丰富的纤维素、维生素和矿物质，有美容排毒、消脂通便、抗氧化的功效。

笋干老鸭汤

主料：

鸭、笋干、腊肉。

调料：

●高汤、盐、姜片、蒜片、食用油各适量。

制作过程：

1. 鸭洗净，沥干水分；笋干洗净，切条；腊肉洗净，切片。

2. 锅下油烧热，下姜片、蒜片爆香后，注入高汤，放入鸭、腊肉、笋干炖熟，加盐煮5分钟后出锅即可。

操作要领：

鸭子有膻味，记得一定要剪去鸭屁股。

营养特点

公鸭肉性微寒，母鸭肉性微温，入药以老而白、白而骨乌者为佳。鸭肉具有很大的滋补功效，炖出的鸭汁善补五脏之阴和虚痨之热。

厨房小知识

鸭肉不能和兔肉、杨梅、核桃、木耳、胡桃、荞麦一起吃。

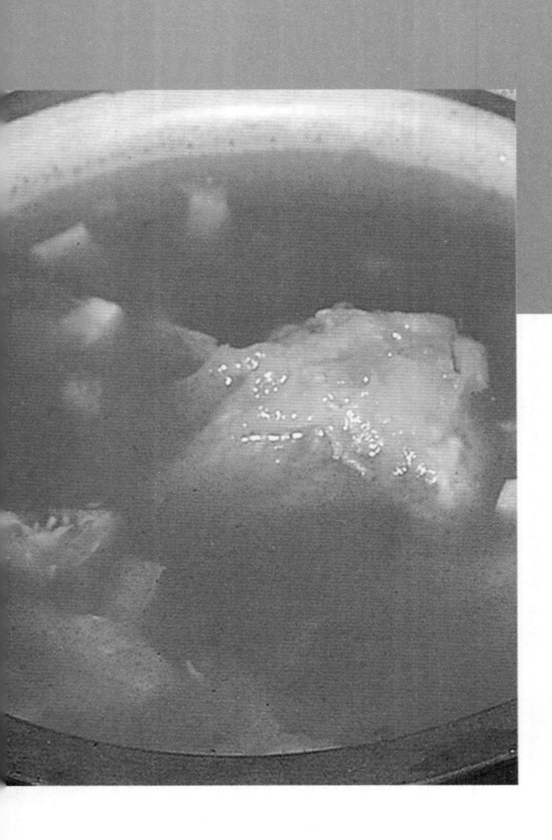

茄汁酸汤鸡

主料：鸡脯肉、西红柿、口蘑。

调料：

●精盐、味精、胡椒粉、鲜汤、番茄酱、姜葱油、干豆粉各适量。

制作过程：

1. 鸡脯肉片大片，码味；西红柿、口蘑均洗净切片。
2. 将码好味的鸡肉埋于干豆粉内捶成薄片，入沸水中氽水。
3. 锅内下姜葱油烧热，放入番茄酱、西红柿、口蘑炒制，然后掺入鲜汤，加进鸡片煮熟，调好味，装入盛器即可。

操作要领：

鸡片氽水时间不宜太久；鲜汤一次性加足。

营养特点

西红柿性微寒，味甘酸，能生津止渴、清热解毒，对预防高血压、坏血病、动脉硬化、肝脏病等有益。

香菇鸡血汤

主料：香菇、鸡血、西红柿。

调料：

●生姜、葱、鸡肉、花生油、盐、味精、胡椒粉、麻油、食用油各适量。

制作过程：

1. 香菇泡透洗净，鸡血切片，西红柿切片，生姜去皮切丝，葱切段，鸡肉切片。
2. 锅内加水，待水开时投入香菇，用中火煮片刻，倒出待用。
3. 另烧锅下油，放入姜丝、鸡肉片炒散，加入清汤、香菇烧开，加入鸡血、西红柿，调入盐、味精、葱段滚透，淋入麻油即成。

操作要领：

鸡血比较嫩，煮的时间不能太久，以免老化。汤要清。

农家丸子汤

主料： 猪肉馅、豌豆尖。

调料：

●鸡蛋、料酒、姜末、姜片、盐、鸡精、香菜、香油各适量。

制作过程：

1. 肉馅放入大碗中，加入蛋清、姜末、料酒、盐，然后搅拌均匀。
2. 汤锅加水烧开，放入姜片，调为小火，把肉末挤成个头均匀的肉丸子，随挤随放入锅中，待肉丸变色发紧时，用汤勺轻轻推动，使之不粘连。
3. 丸子全部挤好后开大火将汤烧滚，放入整理好的豌豆尖煮 1 分钟，调入盐、鸡精把汤味提起来，滴入香油即可起锅。

操作要领：

丸子应入沸水煮制，便于丸子定型。

杂菌汤

主料： 新鲜香菇、平菇、 草菇、珍珠菇、猪肉。

调料：

●食用油、盐、生抽、味素、麻油、白胡椒粉、生姜、小葱各适量。

制作过程：

1. 将所有蘑菇洗净切小块; 生姜切丝，小葱切小段; 猪肉切末。
2. 炒锅大火加热放食用油，将蘑菇、生姜、肉末同时放入，快速翻炒半分钟后放盐和生抽，再翻炒 1 分钟后加入 1 碗水，转中火，盖上锅盖焖煮。
3. 焖煮 2 分钟后揭开锅盖，加入 2 滴麻油、少许白胡椒粉、少许味素，搅拌均匀，再撒上葱花，即可出锅。

操作要领：

菌汤要中小火焖煮。

口蘑灵芝鸭子煲

主料：

鸭子、口蘑、灵芝。

调料：

●精盐。

制作过程：

1. 将鸭子洗净，斩块，入沸水锅汆去血水，捞出，沥干水分；口蘑洗净切块；灵芝洗净浸泡备用。
2. 煲锅上火倒入水，下入鸭子、口蘑、灵芝，调入精盐煲至熟即可。

操作要领：

鸭子有膻味，需要焯水，这是关键，否则你加再多的料酒和生姜都去不掉味的。

营养特点

鸭肉的营养价值很高，蛋白质含量比畜肉高得多。

厨房小知识

鸭肉宜与山药同食，可降低胆固醇，滋补身体。

香菇冬笋煲小公鸡

主料：

小公鸡、鲜香菇、冬笋、油菜。

调料：

●精盐、味精、香油、葱、姜、食用油各适量。

制作过程：

1. 小公鸡洗净汆水；香菇去根洗净；冬笋切片；油菜洗净。

2. 热油锅将葱、姜爆香，放入水、鸡肉、香菇、冬笋、精盐、味精烧沸，加油菜、香油，拌匀即可。

操作要领：

冬笋洗净并切片，浸泡去苦味。

营养特点

此汤具有滋补养身、清热化痰、利水消肿、润肠通便、健脑益智、健脾开胃等功效。

厨房小知识

新采来的蘑菇用盐水浸泡，味道更鲜美。

墨鱼炖老鸡

主料：土母鸡、干墨鱼。

调料：

●红枣、精盐、味精、料酒、姜片、葱片、葱（挽结）、碎胡椒、鲜汤各适量。

制作过程：

1. 鸡宰杀洗净，氽去血水，搓去汗皮；干墨鱼用温水泡发后，去骨洗净。
2. 炖锅内加进墨鱼、老母鸡、红枣及调料，掺入鲜汤烧沸后，撇去浮沫，用武火炖30分钟，然后改用文火煨至熟，调好味即可。

操作要领：

掌握好墨鱼的用量；注意炖制时火力的变化。

营养特点

墨鱼味酸性平，有益气、增志、通行月经等作用；红枣味甘性平，主补脾胃，可益元气、生津液。

酸萝卜老鸭汤

主料：老鸭、酸萝卜。

调料：

●鲜汤、精盐、味精、精炼油各适量。

制作过程：

1. 老鸭洗净，放入沸水中氽去血污；酸萝卜切成块。
2. 锅中加入少许精炼油烧热，下入酸萝条炒香，注入鲜汤烧沸，调入精盐、味精，再加进老鸭炖至熟软且汤汁浓时即可。

操作要领：

老鸭要选用饲养2年以上的。炖老鸭时，先大火烧沸，再改用小火慢炖。

营养特点

鸭肉味甘、咸，性平，微寒，可滋阴补血、益气利水消肿。

豆汤大碗酥

主料：猪五花肉、豆苗、熟豌豆茸。

调料：

●盐、胡椒、料酒、味精、鸡精、全蛋淀粉、水淀粉、鲜汤、色拉油。

制作过程：

1.猪五花肉切成条，入碗加盐、胡椒、料酒拌匀码味15分钟；豆苗洗净备用。
2.色拉油入锅，放入熟豌豆茸炒香，掺入鲜汤，下盐、胡椒、味精、鸡精调好味成豆汤。炒锅上火，烧油至五成热，将五花肉逐一裹匀全蛋淀粉下入油锅中炸至熟，捞起装入碗中，淋入豆汤，上笼蒸至熟软。
3.豆苗放入豆汤中汆至断生，起锅垫在肉碗中，装肉翻扣于盘内，淋上豆汤即可。

操作要领：

蒸肉的时间要够，一定要将肉蒸至软而不烂，口感才佳。

滑菇氽肉丸

主料：滑子菇、瘦肉、肥肉、胡萝卜。

调料：

●生姜、葱、花生油、盐、味精、鸡精粉、熟鸡油、干生粉各适量。

制作过程：

1.滑子菇冲洗干净，瘦肉、肥肉合砍成泥，胡萝卜切小片，生姜去皮切小片，葱切花。
2.把肉泥放入深碗内，加少许盐、味精、干生粉，打至肉泥起胶，做成肉丸子。
3.烧锅下油，放入姜片，注入清汤，待汤开时下入肉丸，用小火煮至肉丸熟，放入滑子菇、红萝卜，调入盐、味精、鸡精，煮透，撒入葱花，淋入熟鸡油即成。

操作要领：

在打制肉丸时，要顺着一个方向打，否则打出的肉丸口感不爽。

干妈一锅鲜

主料：

土鸡、排骨、蛤蜊、木耳、宽粉条。

调料：

●花生油、精盐、葱、姜、酱油、香菜各适量。

制作过程：

1. 土鸡斩块，排骨剁块，均汆水；蛤蜊洗净，木耳撕块，粉条泡软切段。

2. 热锅加花生油、葱、姜炒香，加水、精盐、酱油和全部材料煲熟，撒入香菜即可。

操作要领：

先用大火煲 10 分钟再用小火。

营养特点

此菜滋阴补气，降压去脂，补虚抗癌。

冬瓜鸭腿汤

主料：

鸭腿肉、冬瓜、红枣。

调料：

●精盐、葱、姜各适量。

制作过程：

1. 将鸭腿肉洗净，斩块汆水，捞出沥干；冬瓜去皮、籽，洗净切滚刀块；红枣洗净。
2. 净锅上火倒入水，调入精盐、葱、姜，放入鸭腿肉、冬瓜、红枣煲熟即可。

操作要领：

鸭子一定要选用一年以上的老鸭，当然最好是两三年的土鸭，冷冻的鸭子不推荐。

营养特点

鸭肉中的脂肪酸主要是不饱和脂肪酸和低碳饱和脂肪酸，饱和脂肪酸含量明显比猪肉、羊肉少。

厨房小知识

老鸭用猛火煮，肉硬不好吃。如果先用凉水和少许食醋泡上 2 小时，再用微火炖，肉就会变得香嫩可口 。

榨菜滑排骨

主料：

榨菜、排骨。

调料：

●红苕粉、精盐、味精、胡椒、鲜汤、精炼油各适量。

制作过程：

1.将榨菜洗净，改片待用；将排骨斩成3厘米长的节，用盐、味精先码好味，用红苕粉裹上待用。

2.榨菜用油炒出香味时，倒入鲜汤，榨菜味出来后，再放入排骨煮熟即可。

操作要领：

排骨应斩成长短一致；一定要先让榨菜味出来后，才能放排骨；码排骨的红苕粉不能太稀，否则码不上。

营养特点

排骨富含蛋白质、铁、磷、钙等成分；榨菜富含钙、磷、铁以及维生素A、维生素B_1、维生素B_2等成分，具有和脾利水、止血明目的功效。

厨房小知识

煮排骨时放点醋，可使排骨中的钙、磷、铁等矿物质溶解出来，利于吸收，营养价值更高。此外，醋还可以防止食物中的维生素被破坏。